U0899700

2008北京奥运建筑丛书

OLYMPIC

巧扇临风

NATIONAL INDOOR STADIUM

国家体育馆

总主编　中 国 建 筑 学 会
中国建筑工业出版社

本卷主编　北京市建筑设计研究院

中国建筑工业出版社
CHINA ARCHITECTURE & BUILDING PRESS

2008 北京奥运建筑丛书（共 10 卷）

梦 寻 千 回——北京奥运总体规划

宏 构 如 花——奥运建筑总览

五 环 绿 苑——奥林匹克公园

织梦筑鸟巢——国家体育场

漪 水 盈 方——国家游泳中心

曲 扇 临 风——国家体育馆

华 章 凝 彩——新建奥运场馆

故 韵 新 声——改扩建奥运场馆

诗 意 漫 城——景观规划设计

再 塑 北 京——市政与交通工程

2008北京奥运建筑丛书

总主编单位

中国建筑学会
中国建筑工业出版社

顾　问

黄　卫（住房和城乡建设部副部长）

总编辑工作委员会

主　任　宋春华（中国建筑学会理事长、国际建筑师协会理事）
副主任　周　畅　王珮云　黄　艳　马国馨　何镜堂
执行副主任　张惠珍

委　员（按姓氏笔画为序）
丁　建　马国馨　王珮云　庄惟敏　朱小地　刘龙华　何镜堂
吴之昕　吴宜夏　宋春华　张　宇　张　韵　张　桦　张惠珍
李仕洲　李兴钢　李爱庆　沈小克　沈元勤　周　畅　孟建民
金　磊　侯建群　胡　洁　赵　晨　赵小钧　徐贱云　崔　恺
黄　艳
总主编　周　畅　王珮云

丛书编辑（按姓氏笔画为序）

马　彦　王伯扬　王莉慧　王晓京　田启铭　白玉美　孙　炼
米祥友　刘　江　许顺法　何　楠　杜　洁　武晓涛　范　雪
徐　冉　戚琳琳　黄居正　董苏华
整体设计　冯彝诤

《曲扇临风—国家体育馆》

总　　序

奥运会，作为人类传统的体育盛会，以五环辉耀的奥林匹克精神，牵动着五大洲不同肤色亿万观众的心。奥林匹克运动不仅是世界体育健儿展示力与美的舞台，是传承人类共荣和谐梦想的载体，也为世界建筑界搭建了一个展现多元的建筑文化、最新的建筑设计理念、建筑技术与材料、建筑施工与管理水平的竞技场。2008年北京奥运会，作为奥林匹克精神与古老的中华文明在东方的第一次相会，更为中国建筑师及世界各国建筑师们提供了展示建筑创作才华与智慧的机会：国内外的建筑师的合力参与，现代建筑形式与中国传统文化的结合，都赋予了北京奥运建筑迥异于历届奥运建筑的独特性，并将成为一笔丰赡的奥林匹克文化遗产和人类共享的世界建筑遗产。

随着2008年的到来，北京奥运会的筹备工作已进入决胜之年。而奥运会筹备工作的重头戏——奥运场馆建设，在陆续完成主要建设工程后，正在紧锣密鼓地进行后续工作，并抓紧承办测试赛的机会，对场馆设施和服务进行了最后阶段的至关重要的检测。奥运场馆的相继亮相，以及奥林匹克公园、国家会议中心、数字北京大厦、奥运村等奥运会的相关设施的落成，都为北京现代新建筑景观增添了吸引世人聚焦的亮点。而由著名建筑大师及建筑设计事务所参与设计的奥运场馆，诸如国家体育场（"鸟巢"）、国家游泳中心（"水立方"）等，更成为北京新的地标性建筑。

2008年北京奥运会新建场馆15处，改扩建场馆14处，临建场馆7处，相关设施5处。其中国家体育场、国家游泳中心、国家体育馆、北京射击馆、国家会议中心、奥林匹克公园、奥运村、媒体村、数字北京大厦等新建场馆以及相关设施，或者由世界上知名的设计师及事务所设计，或者拥有世界体育建筑中最先进的技术设备。无论从设计理念上，还是从技术层面上，这些建筑都承载了北京现代建筑的最新的信息，体现了北京奥运会"绿色奥运、科技奥运、人文奥运"的宗旨，成为2008年国际建筑界关注的热点。向世界展示北京奥运建筑、宣传奥运建筑也成为中国建筑界义不容辞的一项责任。

为共襄盛举，中国建筑学会与中国建筑工业出版社共同策划出版了这套"2008北京奥运建筑丛书"，以十卷精美的出版物向世界全面展现北京奥运建筑的风采。用出版物的形式记录北京奥运建筑的设计理念、先进技术、优美形象，是宣传和展示2008年北京奥运会的重要方式，这既为世界建筑界奉献了一套建筑艺术图书精品，也为后人留下了一份珍贵的奥林匹克文化遗产。

本套丛书共包括《梦寻千回——北京奥运总体规划》、《宏构如花——奥运建筑总览》、《五环绿苑——奥林匹克公园》、《织梦筑鸟巢——国家体育场》、《漪水盈方——国家游泳中心》、《曲扇临风——国家体育馆》、《华章凝彩——新建奥运场馆》、《故韵新声——改扩建奥运场馆》、《诗意漫城——景观规划设计》以及《再塑北京——市政与交通工程》十卷，从奥运总体规划到单体场馆介绍，全面展示了北京奥运建筑的方方面面。整套丛书从策划到编撰完成，历时两年。作为一项艰巨复杂的系统工程，丛书的编撰难度很大，参与编写的单位和人员众多，资料数据繁杂。在中国建筑学会和中国建筑工业出版社的总牵头下，丛书的编撰得到了住房和城乡建设部、北京奥组委、北京2008办公室及首都规划建设委员会的大力支持，更有中国建筑设计研究院、国家体育场有限责任公司、北京市建筑设计研究院、中建国际设计顾问有限公司、北京国家游泳中心有限责任公司、清华大学建筑设计研究院、北京清华城市规划设计研究院风景园林规划设计研究所、北京市政工程总院等分卷主编单位的热情参与，各奥运建筑的设计单位也对丛书的编撰给予了很大的帮助。作为中国建筑界国家级学术团体和最强的图书出版机构，中国建筑学会与中国建筑工业出版社强强联合，再借国内外建筑界积极参与的合力，保证了丛书的学术性、技术性、系统性和权威性。

本套丛书凝聚了国内外建筑界的苦心之思，也是中国建筑界奉献给2008年北京奥运会、奉献给世界建筑界的一份礼物。希望通过本套丛书的编撰，打造一套具有国际水平的图书精品，全面向世界展示北京奥运建筑风貌，同时也可以促进我国建筑设计、工程施工、工程管理以及整个城市建设水平的提升，促进我国建设领域与国际更快更好地接轨。

宋春华

建设部原副部长

中国建筑学会理事长

2008年2月3日

写在前面

自2000年至2008年，我作为一个建筑师参与了北京奥运会申办、筹办的部分工作，承担了奥林匹克公园中心区规划编制以及国家体育馆的工程设计任务。期间经历了从国家大剧院、CCTV新址大厦、国家体育场（"鸟巢"）、国家游泳中心（"水立方"）等一批"抓眼球"为主流的工程，到今天再次强调"适用、经济、美观"的设计原则，这一中国建筑界历史上历时数年最为波澜壮阔、跌宕起伏的一页。世界上各种主要的建筑设计理念，几乎在一夜之间，涌进了中国，北京奥运会将其推演到极致，而转眼又进入后奥运时代的低谷。"抓眼球"对建筑界影响之大，"风标"转向之快，对建筑师冲击之深，亘古未见。震惊、迷茫、困惑、思考与探求，尤其是经过国家体育馆设计之后，感觉有几个问题需要进一步研究讨论。"未来由现在开始缔造，现在从历史中走来，我们总结昨天的经验与教训，剖析今天的问题与机遇，以期21世纪时能够更为自觉地把我们的星球——人类的家园——营建得更加美好、宜人"（《北京宪章》）。

建筑与环境

有这样一种现象，在平原地区，由于交流通畅，交流便捷，方言的数量少，差异小，使用范围大。而在山区，由于交流不畅，交流不便，所以，方言的数量多，差异大，使用范围小。方言与环境存在因果关系。世界万物都不是独立存在，而相互依存、相互联系、互为因果。

纵观世界建筑的发展历程，我们不难发现，历史形成的建筑形式都源于当地环境背景。中国有句古话，"皮之不存，毛将焉附"，建筑与环境关系如同"毛"与"皮"，离开了环境要素，建筑就成为无源之水、无本之木。建筑与环境的相互依存，环境决定建筑的形式，建筑不可能脱离某个环境而凭空存在，它依环境而生，是环境的产物。建筑设计源于环境，不同的环境产生不同建筑特征，辩证地理解建筑与环境和谐共生的关系，有助于建筑的多元化及建筑文化的良性发展。

当然，尊重原有环境并不是简单的、被动的模仿，而是正确分析、提炼环境的特征，用与时俱进的思想和方法去创造，追求一种恰如其分的个性的体现，避免为新而新的创作误区。

主角与配角

从影视作品的一号、二号主角，音乐的主辅旋律到工作团队的领导和职员，只要有人类活动的地方就不可避免地存在主角与配角，这是秩序的要求。建筑既是凝固的音乐，又通过秩序形成人类主要聚集地——城市，这部伟大的城市交响乐由众多不同的建筑，如同音乐中不同的音符通过主辅旋律组成。可以设想，作为一个个音符的建筑不按乐曲的主辅旋律各司其职，处处作为主角来表现，就会秩序混乱，无法形成一首优美和谐的建筑乐章。

在任何一座城市中，不可能同时存在众多的主角建筑，否则就无法形成标志性。同时，作为陪衬主角而构成城市整体特征的配角建筑倒比比皆是。正是这些配角建筑默默无闻的奉献，成就了主角建筑，成就了城市整体和谐的美。

每一个建筑来到这里都想成为城市的主角，这是一种陕隘、偏见的想法，是人性的迷失。城市需要主角建筑，但更需要配角。配角之所以可贵，乃在于它是创造城市区段整体美必不可少的组成部分，在社会的舞台上，甘当配角并做好配角是一种很高的境界，它最重要的意义就在于对团体整体利益的维护。所以，对建筑师、建筑设计而言，首当其冲是分析定位。定位错误，那后面的就什么都不是。

创新与责任

谈到建筑设计，不可能回避创新的问题，如果正确地认识创新，对于把握创新方向至关重要。从古希腊的梁柱体系到罗马的拱券结构，再到埃菲尔铁塔钢结构技术以及现代建筑的功能主义，每一次的创新都是材料、技术、观念上的革命性的变化，强有力地推动了社会的进步和发展。这是真正意义上的创新，是负责任的创新。

每一个有社会责任感的建筑师，都必须面对中国是发展中国家且人口众多的基本国情，还在为“安得广厦千万间，大庇天下寒士俱欢颜”而努力，“技术发展并不平衡，技术的文化背景不尽一致，21世纪将是多种技术并存的时代。……因此每一个设计项目都必须选择适合的技术路线……”（《北京宪章》），选择“适合的技术路线”的创新，就不是唯新而新，而是实事求是、因地制宜、推陈出新。

诚然，上述仅仅是一个优秀建筑设计所需考虑的重要因素，而并非全部，但有一点可以肯定，真正理解这三个问题，可以避免无本之木、随心所欲、不负责任的建筑产生。国家体育馆的设计正是在充分领悟上述三点的基础上形成的。奥林区克公园中心区是一个以国家体育场和国家游泳中心共同担任“主角”的建筑组群，这两个建筑给人的感觉很完整、很强烈、很震撼，它们在整个奥林匹克公园里的主导地位是不容置疑的，也是不可抗拒的。中心区其他建筑应该是背景建筑，是“配角”，配角就是对既定事实理性的尊重和认同，并在此基础下，发挥自己的特性，不能对“主角”产生任何意义上的抢位、对立与强迫，这就是国家体育馆设计的大环境、大秩序、大前提。国家体育馆的“配角”定位是对大环境理性分析的结果，是该建筑设计的基本前提。不张扬、含蓄内敛的设计风格，很好地保持与周围环境的和谐共生，保证了建筑组群的完整统一，维持了总体规划的秩序。

当中国体操队在本届奥运会上数次摘金，当五星红旗数次升起，当中国国歌在国家体育馆比赛大厅悠扬回荡，我们这些来自北京市建筑设计研究院与北京城建设计研究总院所有参与该项目的设计人员感到无比的骄傲和自豪。4年来，我们兢兢业业、恪尽职守，采用适宜的、经济可行的技术创新路线，体现“绿色奥运、科技奥运、人文奥运”的可持续发展理念，圆满地完成了国家体育馆的设计任务，保证了奥运会的顺利召开，并成为奥运会宝贵的建筑遗产。

王兵
北京市建筑设计研究院

目　录

综　述

曲扇原创笑临风

综述 | 曲扇原创笑临风

中国建筑学会、中国建筑工业出版社总主编的“2008北京奥运建筑丛书”十卷本中，将为国家体育馆出一专卷，笔者以为还是有一些故事可谈的。

2008年北京第29届奥运会共设置了28个比赛项目，共需37个比赛场馆。为此北京的体育设施中提供了5个万人以上的室内设施，这就是国家游泳中心（游泳、跳水、花样游泳，1.7万观众，新建）、国家体育馆（体操、蹦床、手球、轮椅篮球，1.8万观众，新建）、北京奥林匹克篮球馆（篮球，1.4万观众，新建）、首都体育馆（排球，1.8万观众，改扩建）、北京工人体育馆（拳击，1.2万观众，改扩建）。看得出，这是国际上有关游泳、体操、篮球、排球、拳击等单项体育组织在同意北京申办奥运会时提出的要求。在奥运会历史上除游泳也可以利用室外设施外，其他几项都必须在室内进行，这就要求主办方至少提供两个以上超过万人的室内体育馆。雅典奥运会有两座1.5万人的馆，还有拳击馆刚刚够1万人；悉尼奥运会除新建了15000观众的新馆外，还利用了达令港的12500人的娱乐中心和10000人的会展中心；亚特兰大奥运会除已有的万人亚历山大纪念体育馆和16500人的全能体育馆外，还把当时刚建成不久的72000观众的佐治亚体育馆在赛时一分为二，分别进行篮球、手球和体操比赛；体育设施资源最完备的美国洛杉矶奥运会，充分利用了大洛杉矶的4座已有设施，如主体育场旁的纪念体育馆（拳击，16353人）、弗洛姆体育馆（篮球，17505人）、长滩体育馆（排球，11329人）、加利福尼亚大学洛杉矶分校体育馆（体操，12713人），由于设施分散，有的远距奥运村50～60km外。莫斯科奥运会也是新建了一个4.5万观众的馆，在比赛时一分为二使用。而北京奥运会在市区四环范围内提供四座万人以上的场馆，这可以看出为了举办一届“有特色、高水平”的奥运会，主办方在硬件设施上所做的努力。而同时新建两个万人以上的室内体育馆，在奥运会历史上也是很少见的。在奥林匹克中心区曲扇临风的国家体育馆，与国家体育场和国家游泳中心鼎足而立，在这里同时展现了一幕幕令人难忘、激动人心的场面，仅国家体育馆就有18枚金牌供世界各国运动员角逐。

按照我国《体育建筑设计规范》的分类，万人以上的体育馆属于特大型体育馆。由于其比赛使用要求高、观众数量大、技术复杂，以及经济和运行因素原因，我国万人以上体育馆的建设一直比较谨慎，因此其数量也十分有限。改革开放以前的万人馆有1961年建成的北京工人体育馆、1968年建成的首都体育馆和1975年建成的上海体育馆共三座。改革开放后，随着经济实力和社会需求的增长，以及相关城市展示自己面貌的需要，自21世纪起举办全国运动会的城市陆续兴建了几座万人以上的场馆，如2001年第九届全运会的南京体育中心体育馆（13000人）、2009年第十一届全运会济南体育中心的体育馆（12000人，在建设中）。而据称，深圳为迎接世界大学生运动会准备建设一座1.8万观众的场馆。加上北京奥运会新建的两座万人馆，看来此种规模的体育馆随体育商业化、市场化的进展，商业运作的逐步成熟，加上经济实力的充实，或许还有各地跟风攀比的心理，估计此后万人馆的建设会有进一步增长的趋势。

在奥林匹克中心区三大体育设施的建设和对外宣传中，主要目光多集中于国家体育场和国家游泳中心，对于国家体育馆着墨的篇幅较少。在后奥运时代重新检点我们的奥运场馆建设时，我以为对国家体育馆还需要多写上几笔。

就笔者所知，国家体育馆的方案选择和最后选定还是经历了一个比较曲折的漫长过程。在奥运会申办成功后和奥运建设初期，人们还沉浸在要办一届“最出色的奥运会”的极度兴奋和热情之中，奥林匹克中心区规划方案的选定、国家体育场和国家游泳中心方案的选定都是在很短的时间内即做出了最后的决定，并于2003年12月24日开工建设。而国家体育馆则采取了项目法人招标的形式，将体育馆和奥运村捆绑在一起，由项目法人来负责项目的设计、投融资、建设以及运营，这充分调动了投资方的热情。2002年10月起开始资格预审和意向征集、评审，在17家竞争的基础上，有5家联合体进入了第二轮竞标，最后以北京城建投资发展股份有限公司为代表的联合体中标，这时已是2003年9月。当时联合体提出的推荐方案是由外方设计的，其体育工艺流程也通过了奥组委的审查，但在专家的评审中对该方案的造型、用材、色彩、设计及施工难度等方面都提出了质疑，上级主管部门也认为"设计方案存在较多的问题"，人们在选定方案中已经更多地关注实用、造价以及现实性，因此方案必须进行重大调整。

在首都规划委员会主持下，以北京市建筑设计研究院和北京城建设计研究总院为主，对方案进行了多次优化调整。由于中心区的国家体育场和国家游泳中心早已确定了称之为"鸟巢"和"水立方"的方案，其造型和用材均有很多特点，极引人注目，这为国家体育馆的构思带来很大难度，同时设计者也面临沉重的压力。为造型的新颖奇特也曾进行过多次探讨，但建筑师们最后还是很准确、恰当地掌握了建筑的定位和表现的分寸。从奥林匹克中心区的总体规划看，其中央是北京城市传统中轴线向北延伸的景观大道，大道东侧是承担奥运会开闭幕式重任的国家体育场和龙形水系，大道西侧是分隔成规整区域的建设用地。除南端的古建筑娘娘庙外，由南向北依次将建设国家游泳中心、国家体育馆和展览中心。与国家体育场65m高的马鞍形造型以及自由灵动的平面相比，其西侧建筑群理应更为规整、严谨，以展示在规划和城市设计上的秩序和控制。因此在国家游泳中心之后，北面的国家体育馆和会议中心都选用了轮廓规整、造型内敛的方案，我以为这一决策和选择还是正确并具有全局眼光的，国家体育馆在2004年10月选定了"曲扇临风"的方案。

国内的城市建设在城市空间和群体组织上有过大量正反面的经验和教训。我们许多城市对于规模较大的公共项目动辄就要以"标志性"来要求，使得建筑师在创作时在个体造型的新奇、吸引人上猛下功夫，忽视了群体和城市整体面貌，最后反而形成了杂乱无章、争奇斗艳的混乱局面。国家体育馆方案选定的过程，充分体现了考虑中国国情的理性务实，体现了城市规划中的全局控制与协调，体现了决策过程中的科学精神。尤其重要的是为中国建筑师表现自身的创造力和想像力，提高中国建筑师的竞争力提供了表现的机会，抓住了难得的机遇，创造了重要的平台。要知奥林匹克中心区的四栋主要建筑即国家体育场、国家体育馆、国家游泳中心和会议中心之中，除国家体育馆外，其他三项都是由外国设计师和中国设计师组合联合团队设计完成的，固然中国建筑师在其中也发挥了重要作用，但国家体育馆从建筑方案、初步设计、施工图设计以及施工、材料选用全由中国建筑师和工程师独立完成，属于完全拥有独立知识产权的自主创新工程，是走中国特色的自主创新道路的一次重要的实践，这是十分可贵的。党的十七大报告提出："提高自主创新能力，建设创新型国家，这是国家发展战略的核心，是提高综合国力的关键；要坚持走中国特色自主创新道路，把增强自主创新能力贯彻到现代化建设各个方面。"从这点出发，我以为应对国家体育馆在自主创新上所做的努力以及所取得的成就更为广泛地宣传，而此前有关于此的工作看来做得不够。

在自主创新过程中，对于消耗大量资源的建设行业，专家们早就提出，面对我们的资源禀赋，我们必须选择资源节约型的发展模式，选择适合中国国情的适宜性技术。国家体育馆的设计和建设过程对此

进行了有益的尝试。我们试举其中几例：

国家体育馆的弧形屋面结构采用了当前国内外空间跨度最大的“双向张弦空间网格钢屋架结构体系”，其平面尺寸为144.5m×114m。我国在张弦结构方面此前在一些机场航站楼、会展中心等处多为平面张弦结构，即以刚性构件为上弦，以柔性的高强索为下弦的混合体系，而自国家体育馆始，采用双向正交结构，并研究解决了设计、施工中的一系列关键技术问题，自主设计了多处创新性连接节点，其总用钢量2800t，平均用钢量为45kg/m^2，与外地另一规模相近的万人馆（外方设计）相比，节省总用钢量近1/3，对此还进行了整体模型和节点试验。在屋架体系施工中应用了带索同步累计滑移和双向预应力索对称张拉等先进施工技术，同时对结构进行了永久健康监测，从而使这种结构形式通过国家体育馆工程取得了重大突破，被专家们评论为“这种轻盈优美、受力合理、用材经济的空间结构形式已被认识到是大跨度结构方案的合理选择，反映了设计者试图以更理性的方式来贯彻适用、经济、美观的理念”，“具有很高的科技含量”和“经济技术指标居国际领先水平”。

国家体育馆100kW并网光伏示范电站是由科学技术部立项的“十五”科技攻关项目，2005年9月立项，2007年12月完成并网运行。其原理是利用太阳能电池半导体材料的“光伏效应”，将自然界用之不尽的太阳辐射能直接转换为电能的一种新型发电技术，直流电能通过并网逆变器转换为交流电能送入低压电网。其总安装容量为102.5kW，安装面积约1000m^2，其中97.5kW常规光伏组件安装在屋顶，5kW双玻中空光伏组件安装在南门上空的幕墙上；采用自主研发生产的单相并网逆变器28台，发出的电能供2万m^2地下车库照明负载。这是我国第一个与体育场馆结合的太阳能发电系统，在其25年的寿命期里累计可发电232万kWh。这不但兑现了我们在申奥时提出的光伏技术应用承诺，同时可节约标煤900t，减排CO_2约2300t，这是奥运三大理念的重要体现，有助于提高国民的环保意识、节能意识。

国家体育馆的高性能金属屋面也是提高其设计品质的重要内容。屋面除防水、雨水收集的功能外，还要考虑保温、隔热，甚至是降噪、隔声的功能。由于体育馆将来多功能使用的特点，对隔声降噪提出了较高的要求。南方某万人馆由外方设计，就是没有考虑屋面的遮光降噪，在多雨的南方带来很大不便，此前国内大部分体育馆屋面也未解决这一难题。国家体育馆采取了降噪层、保温层、隔声层分设的七层做法，较好地解决了这一难点，其技术原理已推广到奥运的其他场馆之中，同时也为金属屋面的更广泛利用提供了很好的前景。

此外国家体育馆采用中央液态冷热源环境系统，以采集浅层地热能技术为核心，运用系统集成技术开发实现供热、供冷、供生活热水的节能环保系统装置，系统运行中没有污染排放。建筑照明形式夜景采用网格背投LED发光板。地下室抗浮压重采取工业废料钢渣，消纳了工业废料，发展了循环经济。对雨水的充分利用可以缓解北京水资源的紧缺，减轻排水压力，改善生态环境。这些各个专业适宜技术的运用体现了绿色建筑的理念。

国家体育馆的设计和施工中，牢牢抓住了奥运的三大理念，考虑了资源节约、适宜技术和适宜材料，重视了中国国情，真正做到了注重实用，朴实而不张扬；适宜技术，有效而不奢华，其技术成果便于推广利用，不致成为空前绝后的孤例。与其他的大型奥运场馆相比，国家体育馆从2005年5月28日开工，到2007年11月15日竣工，前后只用了两年半的时间，可以说是又好又快。国家体育馆工程中许多深层次的思考有待于进一步发掘和认识。

奥运会结束以后，国家体育馆和其他场馆一样，也面临后奥运时期的考验。但相对而言，体育馆的赛后利用可能要更乐观一些，更何况在方案之初设计者就充分考虑了赛后的多功能使用，如比赛馆和练习馆的有机结合和适当分隔，既便于高水平的国际比赛，也利于赛后的全民健身的不同使用；馆内比赛场地采用自流平水泥地面，便于体育比赛之外的承重使用等等，我们期望国家体育馆业主方在赛后利用上创造出更成功的经验。当然也应该看到不利因素，由于北京同时有四座万人以上的室内馆，因此也面临着激烈的市场竞争和挑战，这里就有各方面条件的比拼，包括地理位置、交通和停车条件、服务和管理水准、灵活应变适应能力，甚至包括商业营销策略，以及体制上的一系列问题。

最后还要谈一点题外的话。随着奥运会的成功举办，随着北京奥运会的辐射效应，随着美国NBA号称要在中国的12座城市建12座NBA风格的篮球馆和娱乐城的传言，随着基本建设投资的松动，大型馆的建设可能会引起群起仿效的风潮。对于这样一个大型投资项目，与体育场项目不同的是万人以上体育馆更多地要考虑商业化运作，因此首先必须有周密的市场调查与市场分析，如亚特兰大佐治亚体育馆在设计时就考虑了NBA比赛时的7.5万观众，并作为老鹰队的主场的市场分析。其次要有富有市场运作经验的管理团队的策划，如五棵松奥林匹克篮球馆与美国的体育场馆娱乐营销发展商AEG集团建立了战略合作伙伴关系，这样就能提出合理的商业计划书。另外需要体制和机制上的改革和创新。国外把房地产开发和体育场馆结合解决融资和运营，国外成熟的体育俱乐部的运营和成熟的各类联赛机制，国外冠名权和豪华包厢的开放等，也常常是我国十分欠缺的部分。当然，在万人馆的设计上也必须有新的思路和创造，从国外经验看，在场地、座席、顶棚的灵活与变化上，都大有文章可做，需要在认真总结国内外经验，尤其是国内已建成万人馆在使用、经营、管理上的经验甚至是教训，以把万人馆的设计和使用提高到新的水平。

马国馨

中国工程院院士
北京市建筑设计研究院总建筑师
工学博士
中国科学技术协会常务委员
中国建筑学会副理事长

2008年11月20日

第一章 项目背景

第一节 概述

国家体育馆是第29届北京奥林匹克运动会主要比赛场馆之一，奥运期间将进行体操比赛（不含艺术体操）、手球决赛（手球预赛在奥体中心体育馆举行）和残奥会的轮椅篮球比赛。奥运会后将成为北京市最重要的体育设施，可满足举行包括高级别赛事活动在内的各种大型活动和全民健身的需要。

1-1 观众东部主入口台阶广场

北京奥林匹克公园位于北京传统南北中轴线的北端，是北京2008年奥运会最主要的赛区，同时也是北京迈向现代化国际都市的标志性区域。国家体育馆坐落于北京奥林匹克公园中心区的南部，是中心区最重要的建筑之一。

国家体育馆由体育馆主体建筑和一个与之紧密相邻的热身馆以及相应的室外环境组成。建设用地南北长约335m，东西长约207.5m，总用地面积6.87hm^2。总建筑面积80890m^2。建设用地东邻中轴线广场，南邻国家游泳中心，西邻数字北京大厦及公建用地，北邻国家会议中心，位置重要，并与国家体育场、国家游泳中心共同构成体育建筑组群。

国家体育馆设计处于"奥运瘦身"阶段，作为国家体育场和国家游泳中心之后三大主场馆的最后一个，设计中更强调用成熟理性的思维去塑造设计一个"经济，合理，美观"的奥运场馆，将"科技奥运、绿色奥运、人文奥运"的三大理念，实实在在落实在建筑中，同时设计时注重充分考虑它的赛后运营模式，将实用性贯穿融汇在建筑设计的各个方面。

1-2 西立面

国家体育馆是奥运中心区唯一的一座我国自行设计、自行施工、全部采用国产建材建设的场馆，也是亚洲目前最大的室内体育馆，整个工程充分体现出中国特色。

第二节 设计历程

2003年5月 2008年北京奥林匹克公园（B区）国家体育馆及奥运村项目法人招标工作（BOT）开始。来自中国内地、澳大利亚、美国、日本、荷兰及中国香港、台湾地区的5家单位（联合体）通过资格预审和意向征集评审入围，并进入第二阶段的招标工作。同年9月，经过专家评审，北京城建投资发展股份有限公司为代表的联合体［联合体成员包括北京城建投资发展股份有限公司、北京城建集团有限责任公司、北京天鸿集团公司、北京天鸿宝业房地产股份有限公司、中信国安集团公司、北京控股有限公司、北京城市开发集团有限责任公司、北京城市开发股份有限公司、慕尼黑集团（北京）（德国）、PTW设计联合体（澳大利亚）和丹下设计联合体（日本）］成为国家体育馆和奥运村的项目法人，负责国家体育馆项目的设计、投融资、建设、运营及移交，并获得2008年奥运会后30年的国家体育馆特许经营权。

此次项目法人（BOT）招标，在我国没有先例，北京市政府以市场化运作为导向，按照国际惯例，广泛学习和借鉴了国外奥运场馆项目的运作经验，充分利用各种市场化筹资渠道和方式来筹集资金，采取市场化的风险分担方式合理分散筹资风险和运营风险，在管理体制和方式上进行大胆创新，探索出了一个大型社会公益项目政府融资的新模式。

2004年1月 慕尼黑集团，北京市建筑设计研究院及北京城建设计研究总院有限责任公司设计联合体对国家体育馆方案进行优化。

2004年8月 国家发展和改革委员会委托中国国际工程咨询公司召开国家体育馆项目可行性研究报告专家评审会。

1-3 规划图设计方案

1-4 设计方案效果图之一

与会专家对国家体育馆外形、色彩、外装饰材料、外壳设计施工难度等问题产生质疑（可研报告仅提供中标方案），根据与会专家意见，国家体育馆外壳体量与国家大剧院相当，设计施工难度将超过国家大剧院。国家大剧院外壳总投资（包括外壳钢结构、外壳内装饰材料、外壳外装饰材料、外壳防水保温材料等）约为3.5亿元人民币，在考虑国家体育馆外壳内装饰材料、外壳外装饰材料、外壳防水保温材料等适当降低标准，同时不考虑外壳施工制作难度系数的前提下，国家体育馆外壳总投资将可能接近3亿元人民币。为此，国家发展和改革委员会于同年10月发出关于重新编制国家体育馆建设项目文件的通知，通知认为"该项目概念设计方案存在较多问题，体育使用功能与奥运会比赛技术规程要求有较大偏差，建筑设计、结构等方面也需要做出较大调整，项目投资规模需在进行调整的基础上进一步核准……"

2004年9月 在首都规划委员会主持下，对国家体育馆中标方案进行优化调整。通过多方案比较论证，于同年10月最终确定国家体育馆方案。国家体育馆平面功能和体育工艺流线已于2004年5月17日通过北京奥组委的审查。考虑到国家体育馆原方案外部造型造价较高以及国际单项联合会对体操工艺的调整等因素，本方案调整优化的重点是造型、外壳及体育工艺等，主要调整有以下几个方面：

1-5 设计方案效果图之二

1-6 设计方案效果图之三

- 总平面由原方案的平坦地形调整为坡地形与下沉广场相结合的方式。
- 平面由“8”字曲线平面调整为方整平面，并进一步优化轴线柱网。
- 进一步优化调整各功能区，尤其是媒体区域的调整。
- 比赛场地由原自然地坪下8.0m调整到自然地坪下3.5m，热身场地由地面层调整到自然地坪下3.5m，使比赛场地与热身场地平层。
- 取消原自然地坪下8.0m层的内部交通环道。
- 不规则双曲线屋面调整为规则单曲线屋面，使设计施工难度降低。
- 取消原方案玻璃钢屋面、墙面装饰材料，改为常规的金属屋面和玻璃幕墙。

2005年2月 中国国际工程咨询公司再次对国家体育馆建设项目的可行性研究报告进行专家评审。

2005年5月 国家体育馆开工。

1-7 设计方案效果图之四

1-8 设计方案效果图之五

1-9 实施方案全景

第二章 建筑设计

第一节 设计定位与特点

根据北京奥林匹克公园中心区总体规划要求，国家体育场、国家游泳中心是整个中心区的核心标志性建筑。为达到烘托核心建筑的目的，国家体育场、国家游泳中心周边中心区内的建筑就需要处于陪衬的地位，成为“背景建筑”。相对于外观特征明显的国家体育场和国家游泳中心，国家体育馆在外部造型、材料选择和色彩处理上力求简洁大方，含蓄内敛，设计中更强调它的朴实、大气，稳重而不张扬，与周边的总体环境相协调。

国家体育馆建筑平面采用规整的矩形布局，在平面形式上与国家游泳中心和国家会议中心保持一致，并协调与南北两建筑的相互关系，形成统一的建筑界面。立面设计上根据比赛场地和热身场地空间的不同要求，国家体育馆屋面设计成由南向北单方向波浪式造型，一方面符合建筑内部的功能使用要求，另一方面在公园城市空间景观上衔接国家游泳中心和国家会议中心，起到承前启后的作用。

国家体育馆的主色调以灰色为主，这个创意同样来源于中国传统风格——老北京城砖瓦的颜色，阳光透过屋顶的空隙，把馆内照得通透豁亮，1.8万张浅灰色座椅环绕四周，色调与整个体育馆协调一致，整个建筑可以说是中华民族传统建筑美学与当代建筑风格的完美结合。

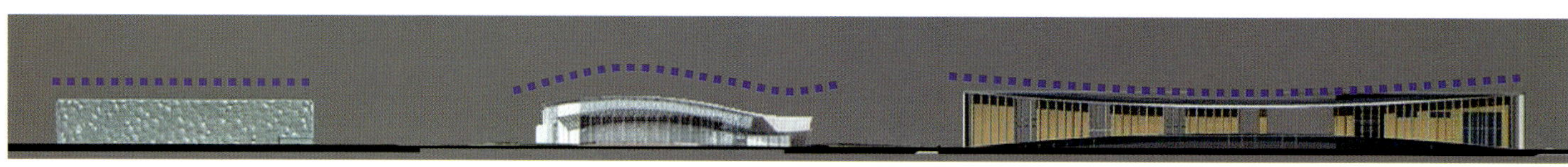

2-1 中心区场馆建筑关系图

2-2 草坡上的国家体育馆全景

2-3 中轴路上主立面

2-4 国家体育馆夜景

2-5 国家体育馆与玲珑塔

2-6 室外棚架

2-7 南广场赞助商入口

2-8 东南角景观

2-9 国家体育馆前草坪

2-10 从国家体育馆望向国家游泳中心

2-11 四层南侧局部空间

2-12 从公路上望向国家体育场

第二节 平面布局与功能分区

一、总平面布局

国家体育馆建筑基本位于其建设用地的中心部位，周边留有足够的区域布置广场、绿化、消防车道等不同的功能空间。

为解决用地内人车分流以及避免流线交叉，体现"以人为本"的设计理念，建筑周边采用向上坡形广场和下沉广场相结合方式，坡形广场主要集中在建筑的东部和南部，观众可通过坡形广场直接进入体育馆6.0m观众层；下沉广场主要集中在建筑的西部和北部，赛后运动员、媒体、贵宾等人员可乘车直接到达体育馆西侧各相关出入口。

观众的疏散广场（3.5～6.0m标高）主要设置在建筑的东面、南面和西面，其中东面和南面的疏散广场将作为主要的观众疏散广场，并设置了残疾人坡道，可使残疾观众从城市道路直接到达6.0m观众休息厅。

建筑西面的观众疏散广场奥运会期间将作为普通VIP和媒体出入口，奥运会后不能作为观众主要聚散广场，仅考虑在紧急状态下使用。

建筑北侧的广场通道主要用于赛后热身馆独立使用时观众聚散之用。

建筑西部的下沉广场主要满足赛后运动员、媒体、贵宾、竞赛官员、场馆运营人员以及利用热身馆健身人员进出和停车的需要，可停车126辆。媒体室外转播车赛后主要布置在下沉广场的北部。下沉广场通过南北两条专用机动车道与成府路和中一路相连接。

主要经济技术指标

总用地面积：6.8723hm^2

总建筑面积：80890m^2（其中：地上建筑面积57990m^2，地下22900m^2）

建筑基底面积：24949m^2

道路、停车、广场面积：23088m^2（内含市政用地663m^2）

绿化总面积：20686m^2

容积率：0.84

建筑密度：36%

绿化率：30.1%

机动车停放数量：600辆。其中地下停车474辆，地面停车126辆

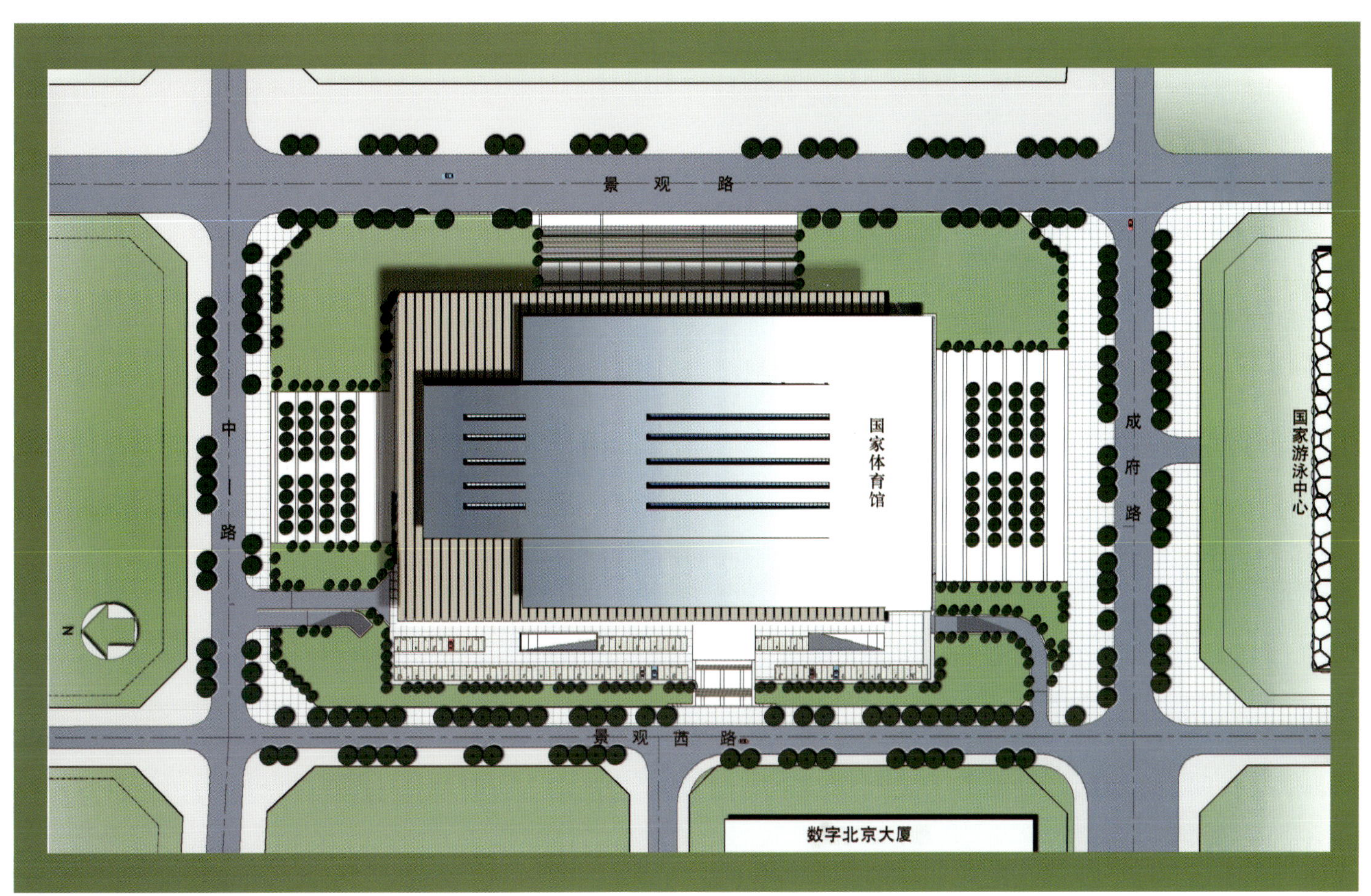

2-13 总平面

二、功能分区

国家体育馆建筑主要由三大部分组成，分别为比赛馆、热身馆和地下车库等附属设施。

比赛馆位于建筑的南端，比赛场地位于建筑的0.00m标高层——自然地坪下约3.5m处，比赛场地平面尺寸约为43m×73m，最小和最大净空（结构下皮）分别为26.3m和33.1m。利用看台下空间共设计了四层功能空间，其中0.00m标高层主要为比赛场地和赛事用房，6.0m标高层为观众休息厅，12.0m标高层为包厢层，16.0m标高层为楼座看台观众休息厅。

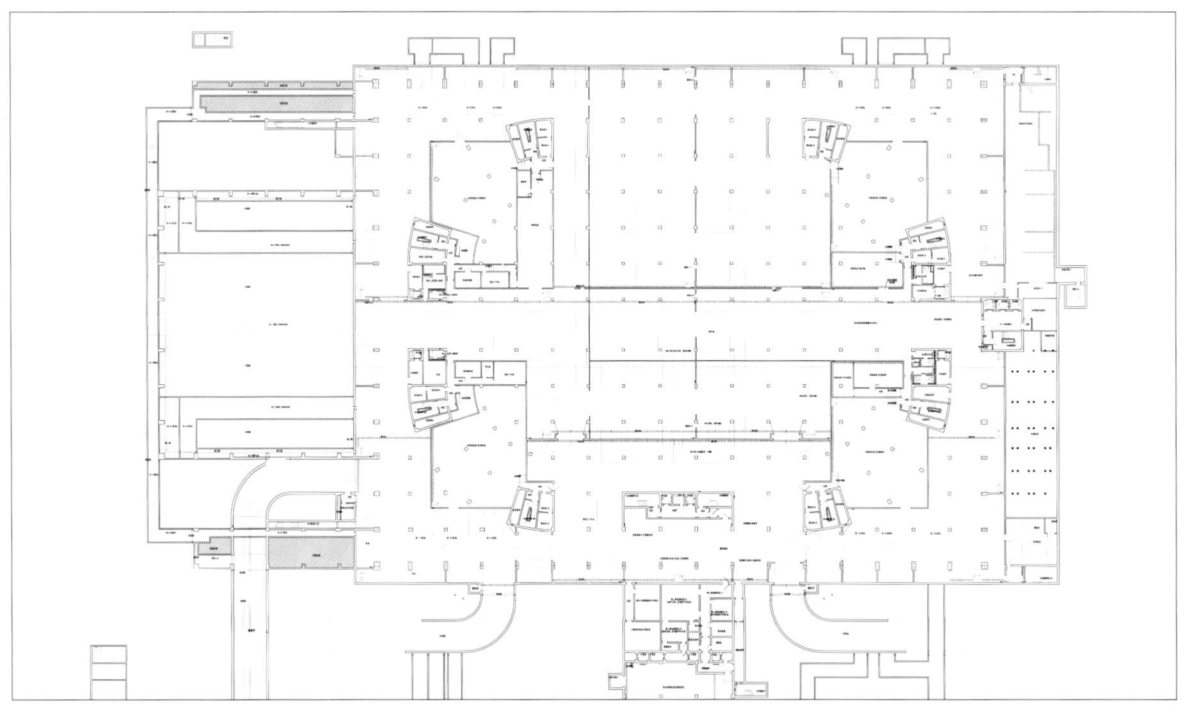

2-14 地下一层平面(体操)

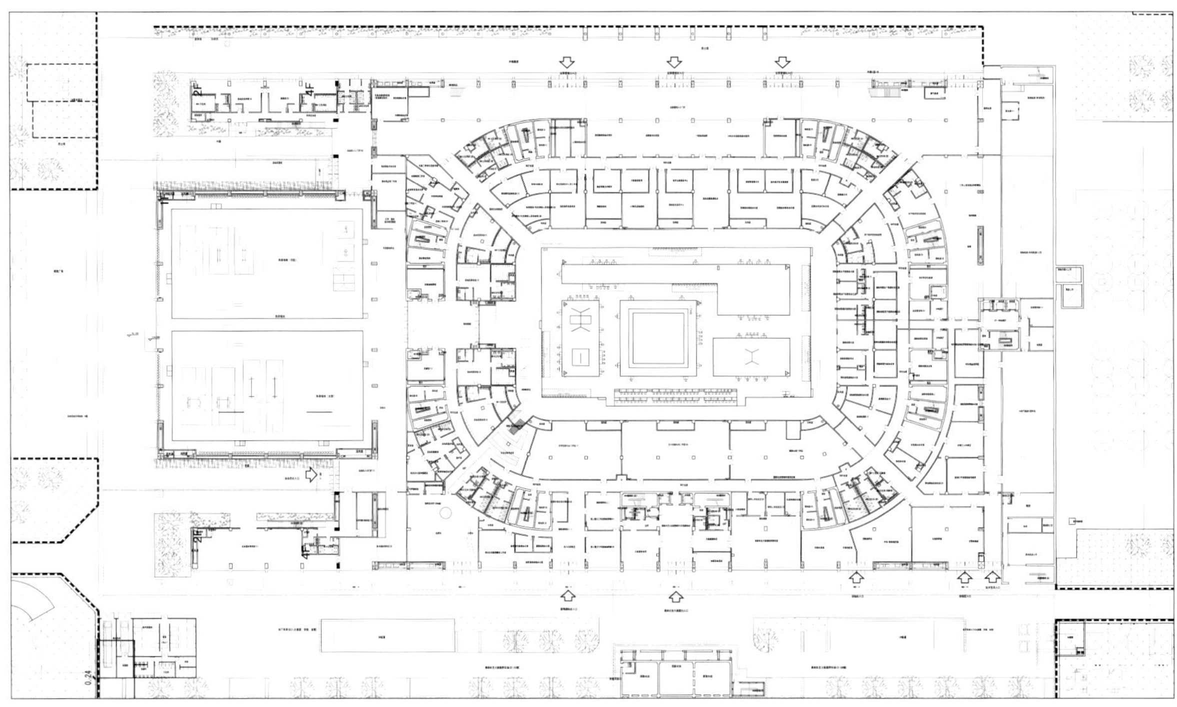

2-15 一层平面(体操)

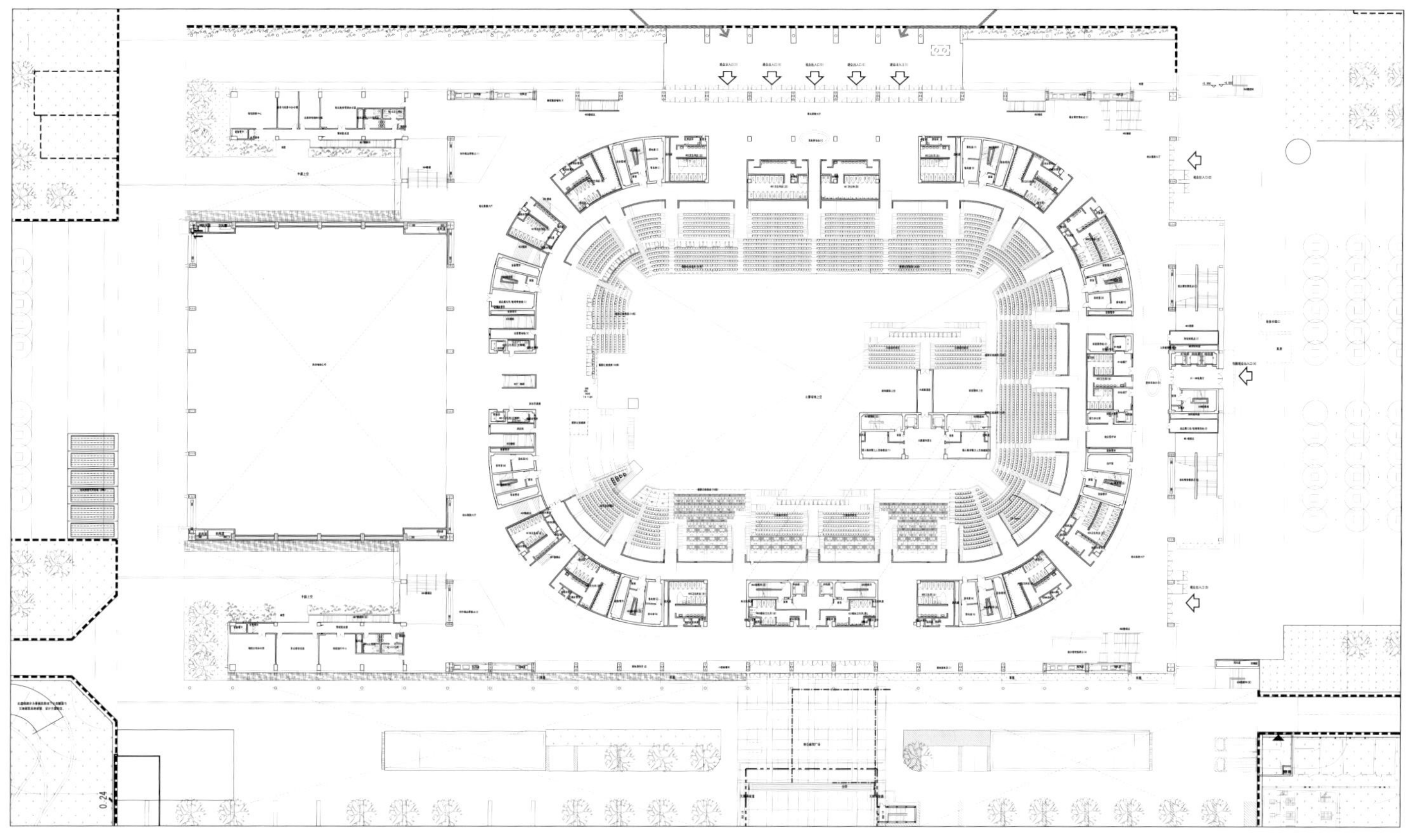

2-16 二层平面(体操)

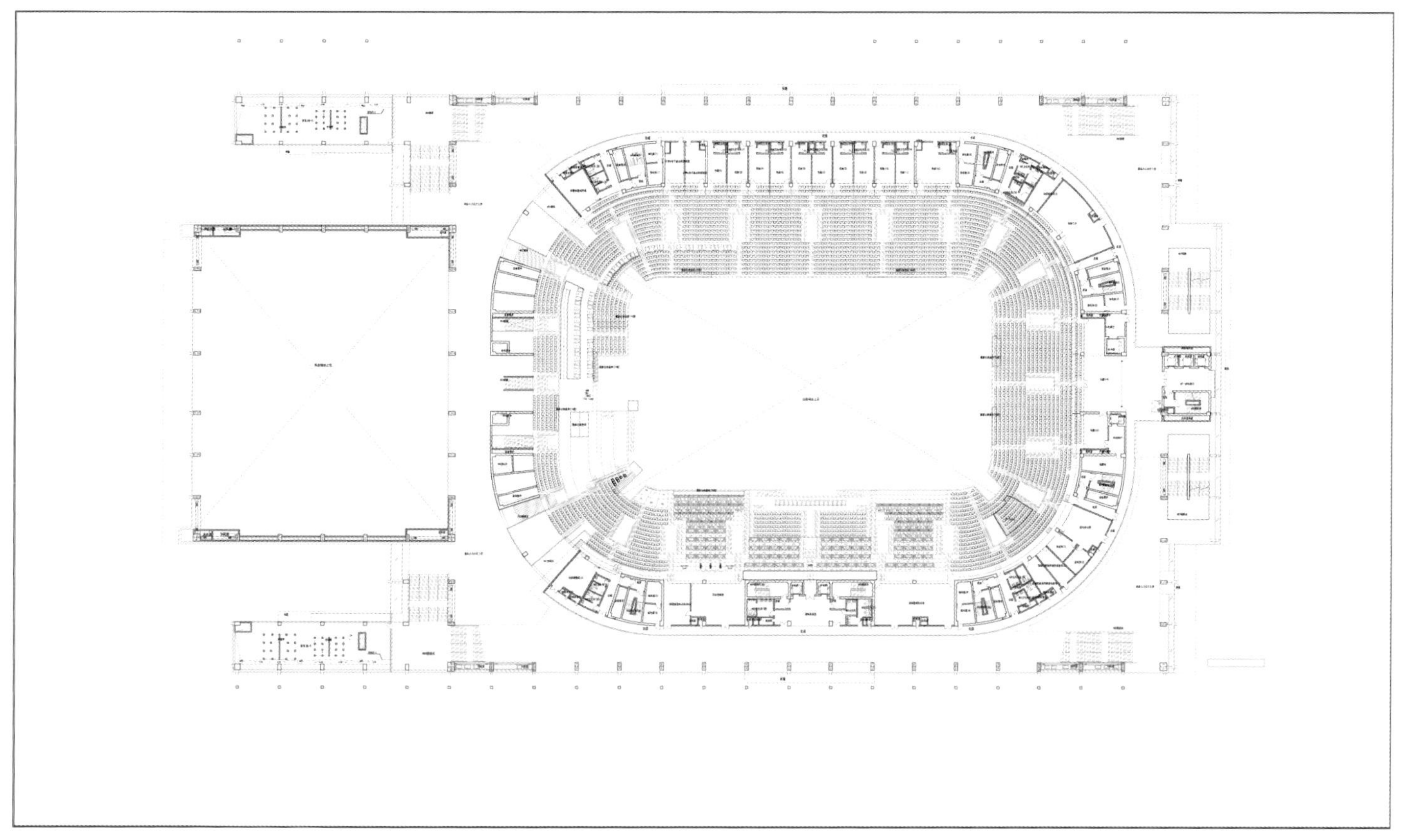

2-17 三层平面(体操)

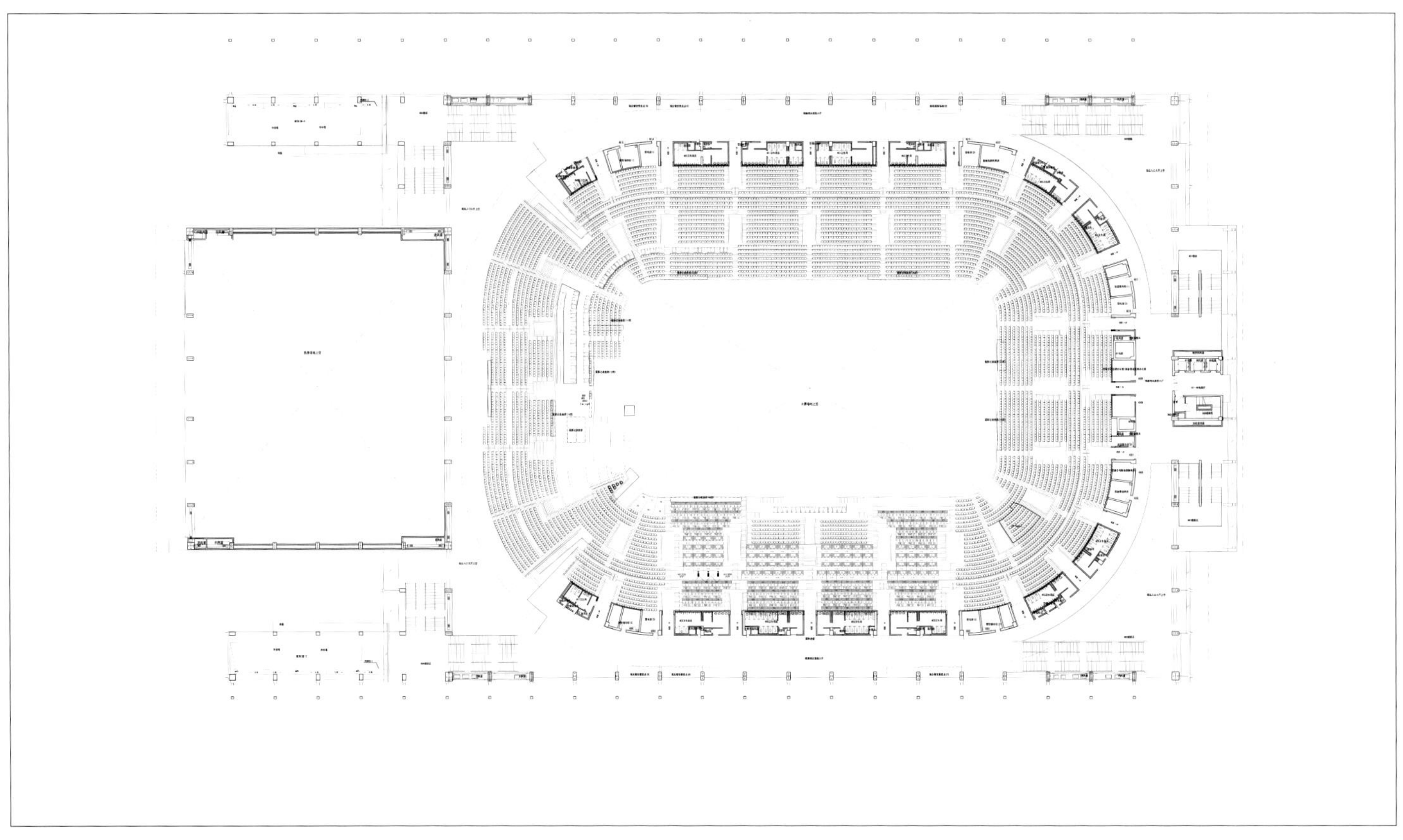

2-18 四层平面(体操)

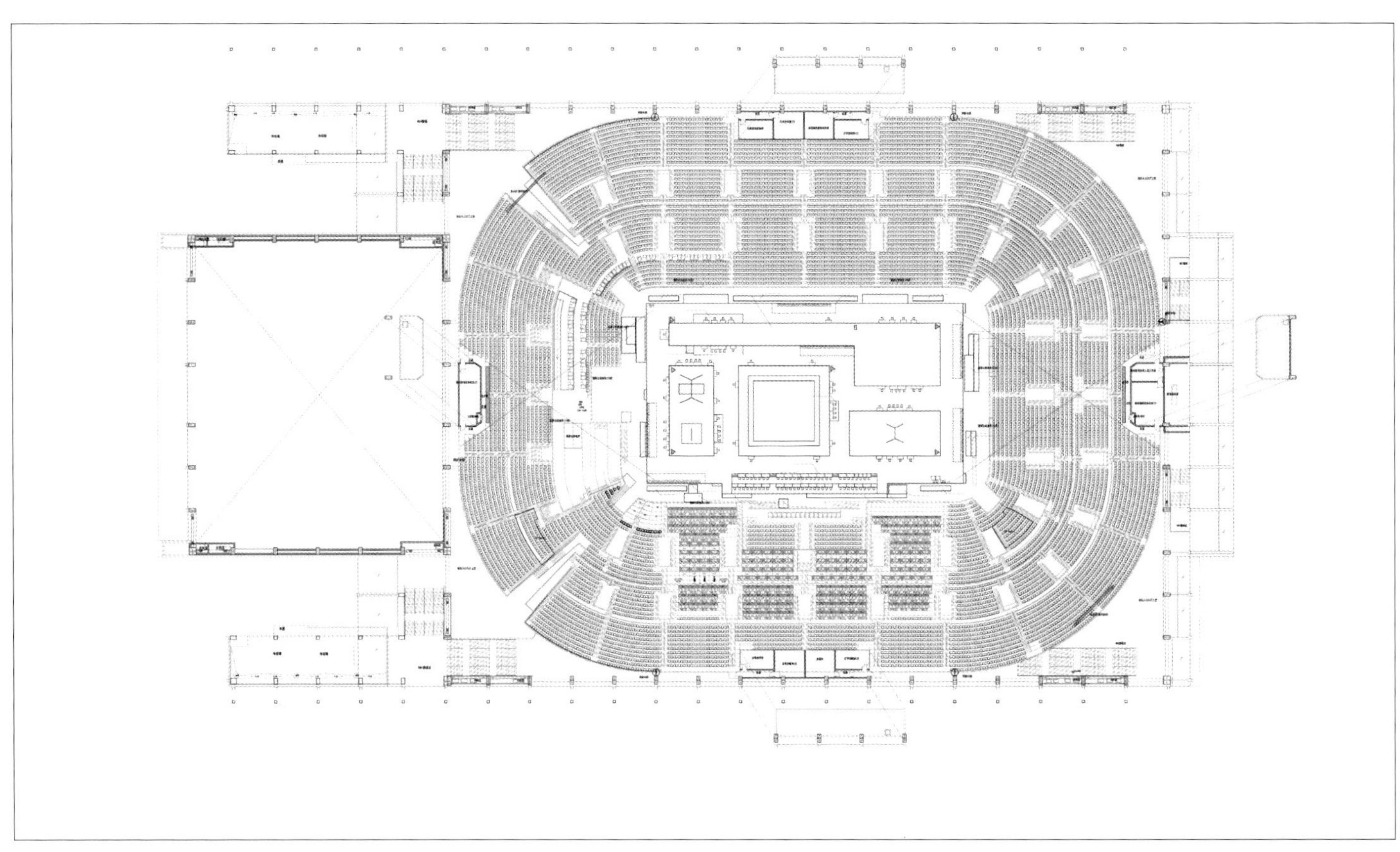

2-19 五层平面(体操)

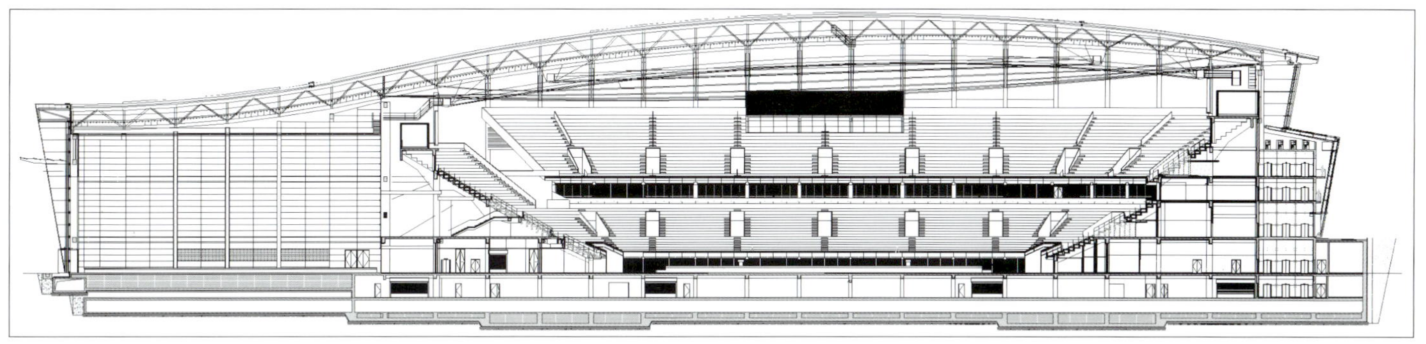
2-20 剖面一

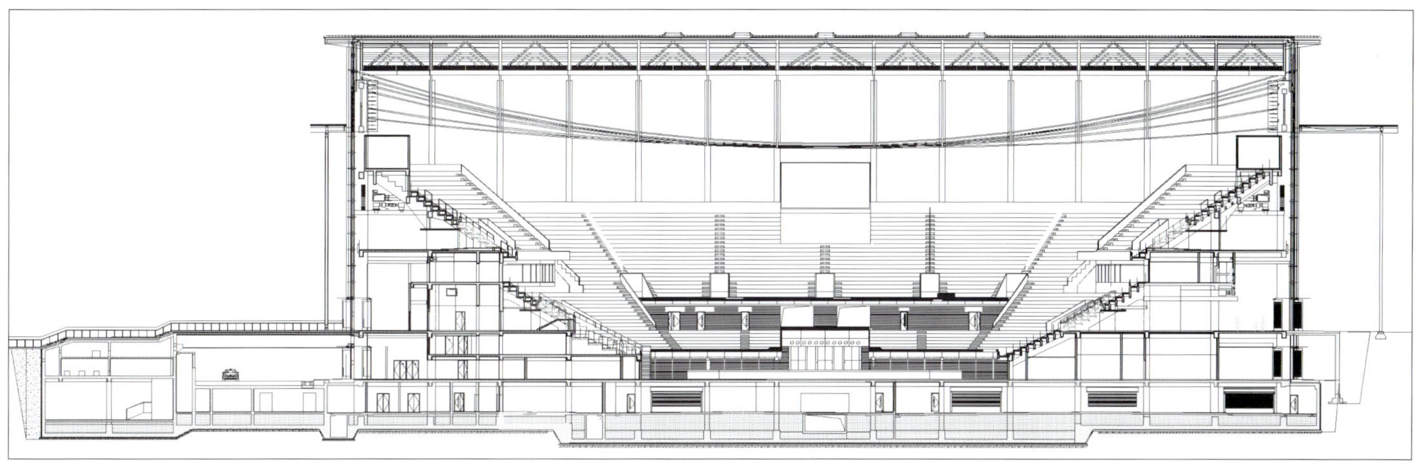
2-21 剖面二

2-22 比赛场地全景

2-23 下沉广场热身馆入口

2-24 西北角地下隧道出入口坡道

2-25 热身馆东侧入口

2-26 热身馆西侧入口

2-27 热身馆西侧入口

2-28 热身馆北部主入口

热身馆位于建筑的北端，紧邻比赛馆。热身场地位于建筑的0.00m标高，空间形式为单层高大空间，最小和最大净空（结构下皮）分别为19.2m和24.7m。在热身场地东西两侧分别设置两层高的附属用房，其中0.00m层东侧主要为更衣室（全民健身用），西侧为器材库。6.0m标高层东西侧均为运营管理用房。

地下车库位于比赛馆下部，主要功能为停车、机房、人防等。

第三节 赛时运行设计与赛后运营

一、赛时运行设计

1.什么是赛时运行设计？

赛时运行设计是一项特殊的设计工作，是在场馆的设计施工完成后，根据所举办的赛事的性质内容进行包括总平面区域划分及流线设计、物流综合区的平面布置及流线组织、媒体综合区的平面布置及路由、室外临时设施的点位图、运行分区和注册分区平面图、坐席平面的分配图及统计表、FOP场地设计图、各客户群的流线及出入口设计图、BOB摄像点位布置图、各层家具白电图，以及设备电气的相关图纸等的设计，完成场馆初步运行设计以及详细运行设计两个阶段的工作，并形成工作成果交国际奥委会审查。

2.运行设计的原则

初步运行设计工作原则，首先要求充分体现“能实现、低成本、全整合”的原则，以奥运场馆设计大纲为基本依据，统筹考虑，兼顾奥运会和残奥会，满足各竞赛组织、奥

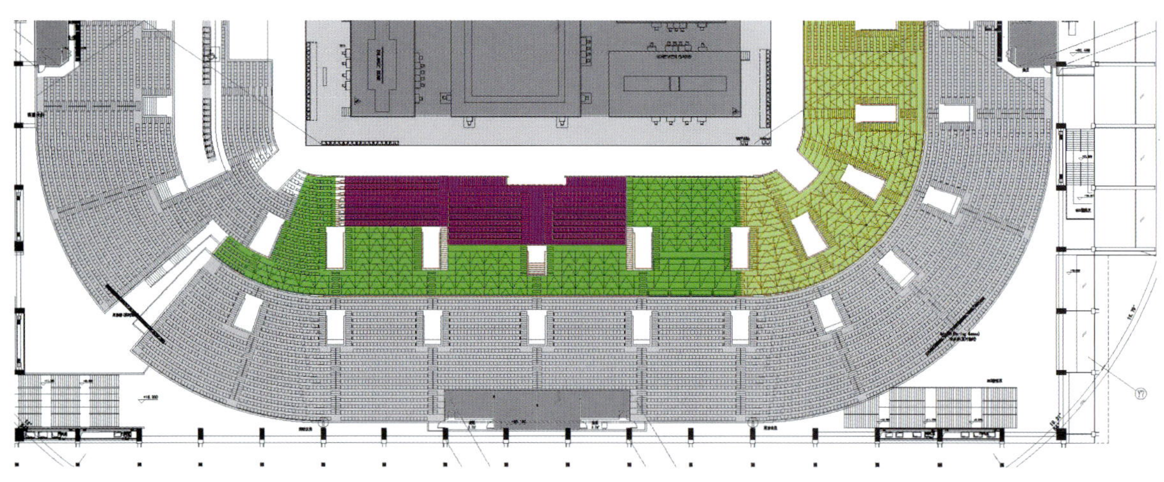

2-29 运行设计前的看台平面（体操比赛）

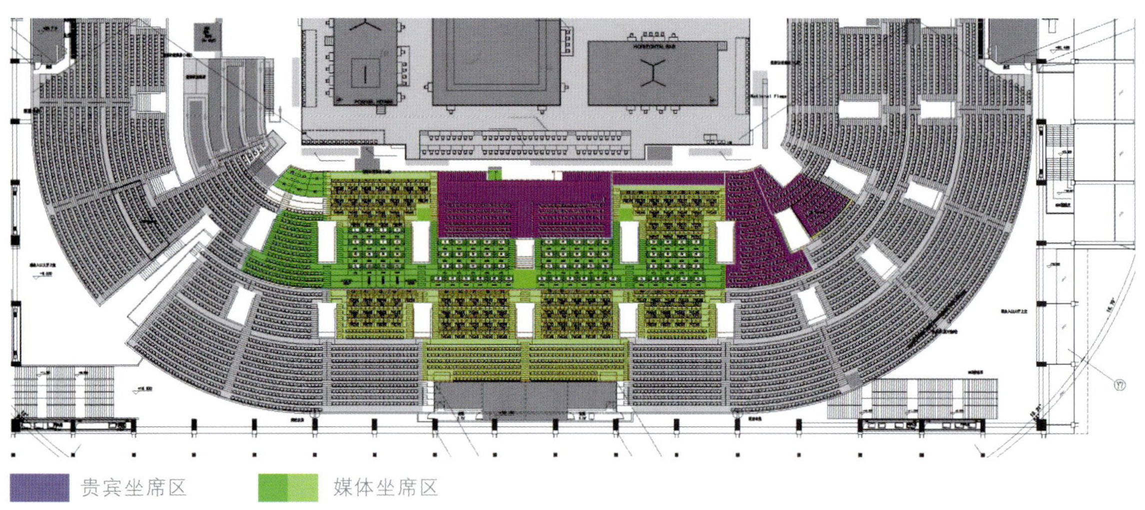

2-30 运行设计后的看台平面（体操比赛）

运会转播商、贵宾、赞助商、观众服务等等各类需求，在运行设计中，充分利用场馆及外围现有硬件设施条件，尽可能少增加硬件设施改造量。若必须进行硬件改造，也要在不影响场馆施工进度前提下，结合城市长远规划组织实施。

3.运行设计的重要性和特殊性

国家体育馆外形虽不如国家体育场、国家游泳中心醒目奇特，但将在此举行的体操比赛，却注定使之成为2008北京奥运会最受关注的场馆之一。体操是中国夺取奥运金牌的黄金项目，因此它的运行设计也同样深受北京奥组委的重视。

体育场馆的设计，大多根据任务书及业主的需求，依据

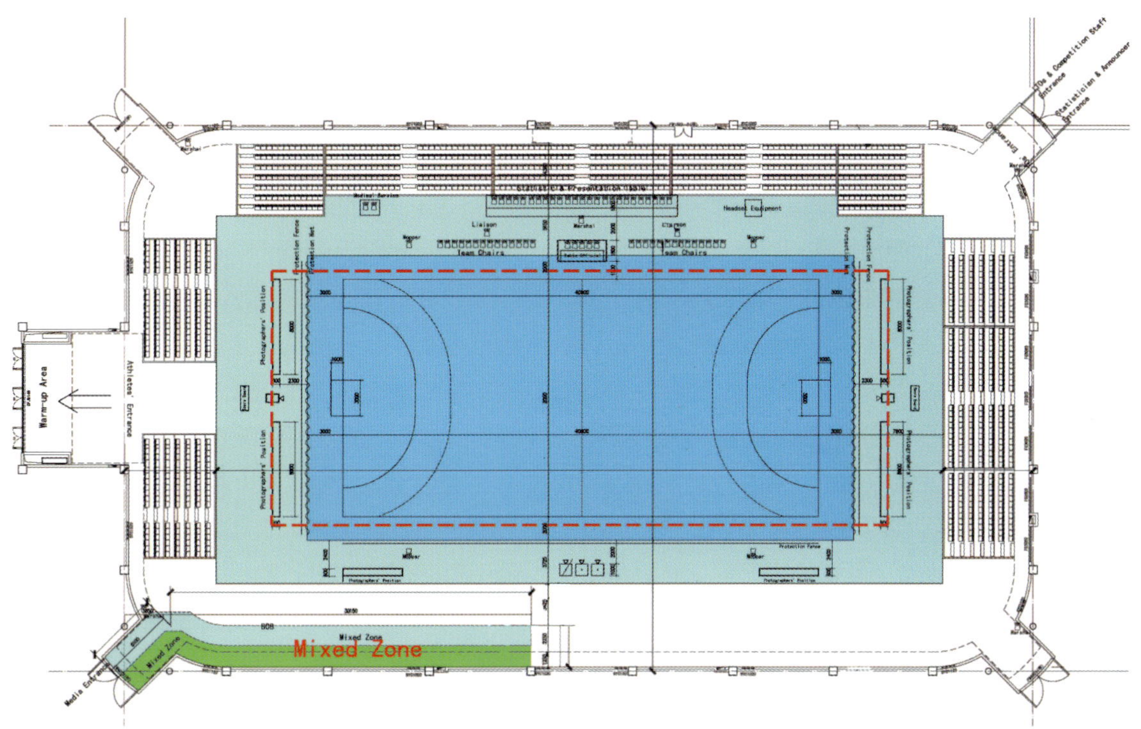

2-31 运行设计前手球竞赛场地

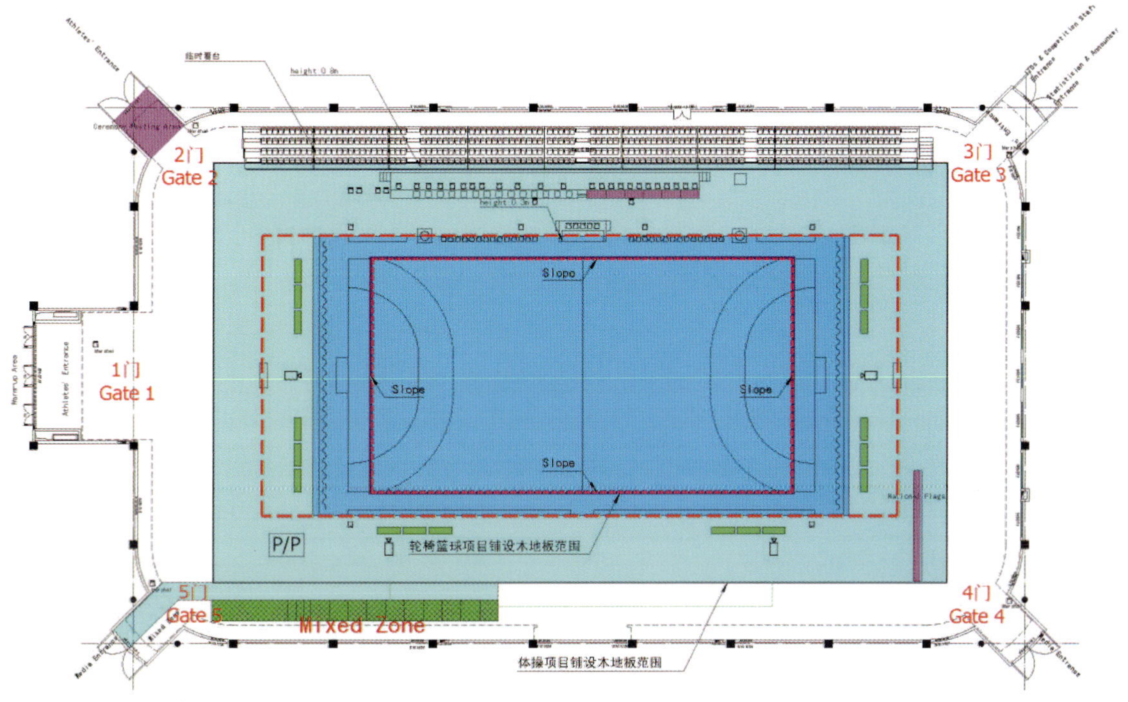

2-32 运行设计后手球竞赛场地

2-33 北侧望向玲珑塔

相关的规范进行竞赛场地、功能用房、人员流线、观众看台及相关设施的设计，施工图完成后交由业主建设实施直至投入使用，至于设计是否满足比赛的要求，比赛前临时需要做哪些调整，设计人员很少能接触到，以至于场馆设计中是否存在问题、缺陷，也无从了解、无法校核，运行设计正是对于场馆设计的一个实践与验证。

4.赛事服务的特殊要求

国家体育馆在赛事上承担了体操（不包括艺术体操）、蹦床、手球、轮椅篮球四个项目的比赛，在北京奥运会所有场馆中是最复杂的运行设计之一。

在运行设计中，运行团队的业务部门多，人员来自不同行业、不同单位，他们不仅代表各业务口提出赛时的具体功能需求，同时也要将意见反馈回去确认。在与他们共同配合的工作期间里，各业务口之间的需求经常会有冲突，有重大问题经过开会研究，并通过运行设计来调整实现，这其中最主要的冲突集中体现在媒体座席与贵宾席位置分布的协调上。

按照常规，设计中通常将贵宾席放置在场馆中最好的观赛位置，也就是池座看台的西侧中央，国家体育馆也不例外。在运行设计的讨论会中，BOB媒体转播商多次提出要让媒体转播席位占据最好的观赛位置，而将贵宾席位移至周边，他们的理由很简单也很切入要害，那就是：媒体转播是为全球几十亿观众服务的，而贵宾席只为少数人服务，当然不能为了现场的几百人而影响几十亿观众的收视效果。为了这个理念，从安保部门到媒体运行部经过数次的协商，最终双方均做了妥协，将其中的一部分贵宾席移到了媒体座席的一侧，主贵宾席三边为BOB的媒体转播席，而文字媒体的座席只能安排在正对比赛场地的楼座看台上。

5.注册分区与流线设计

奥运会期间，根据运行功能进行注册区域划分，所有相关人员，包括贵宾、媒体、运动员及官员、运行管理、安保交通、赞助商、观众等均有各自的注册身份及独立的出入口，不同注册分区的执证人员流线均不能交叉。

在初步运行设计中，很大一部分工作都是在进行功能用房的调整。因为功能用房的调整是在注册分区的基础上进行的，相关的用房必须挪至同一分区内，如移动确有困难，就得设置专用通道解决，所以流线设计在运行设计中也很重要。

除常规的流线设计外，运行设计中还接触了一些特殊流线，如礼宾仪式的流线，之所以强调这条流线是因为它与贵宾看台设计有密切关系。很多场馆在设计主席台时会在最前列处设计台阶，方便贵宾下至场地内颁奖，通过运行设计才了解到，贵宾不大可能会从主席台直接进入场内，他们必须通过礼仪引导员，在专用出入口处候场，配合摄像方位按照指定路线

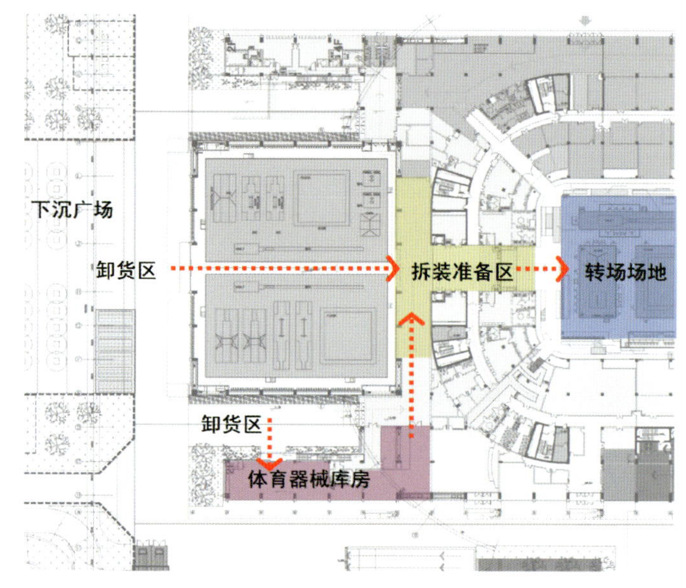

2-34 分区与流线设计

进入场内。因此在这种高规格的比赛中，贵宾席直接下至竞赛场地的情况不多见，反之它的专用通道的设置显得更为重要。

6.转场设施的拆除及搭建

奥运会期间，从体操所有比赛项目的结束到手球比赛开始（包括手球运动员入场热身的时间开始算），之间的转换期间只有短短的17小时，如何在这么短的时间内拆除所有的体操器械以及搭台，再铺装手球的地面，同时将场地内的临时坐席打开后调整，这些对于库房的位置、拆装的场地、搬运流线的组织、与室外货车的接口等都有很高的要求。

国家体育馆在设计中，非常注重赛后利用以及物流的流线组织，考虑到赛后的展览展示功能需求，热身场地北侧直接与室外半下沉广场连接，货车可以直接抵达此处，再通过热身馆的北侧4m高大门，可将货物直接送至场内。

此次运行设计时，充分利用了此流线及周边设施，将比赛场地与热身场地之间的一个面积较大的过渡区作为拆装准备区，并利用西侧的大型器械存放库房暂存转场设施，以运输距离最短、使用空间最方便较好地解决了转换期间的特殊要求。

二、赛后运营

奥运会后的国家体育馆作为北京市最重要的体育设施，可满足举行包括高级别赛事活动在内的各种大型活动和全民健身的需要。赛后利用内容主要包括：高级别体育赛事、大型演出活动、展示活动、全民健身等，将成为集体育竞赛、文化娱乐于一体，提供多功能服务的市民活动中心。

首层南侧部分用房，奥运会期间临时作为媒体及赛事管理用房，奥运会后改造成厨房，同时可把东侧部分空间改造成餐厅。东侧部分用房赛后平时可作为商业服务设施，为中轴线广场游人服务，赛时可为观众服务。12.00m标高层包厢赛后有两种利用方案，第一方案可与餐饮结合起来，平时可作为餐饮的高级包间，活动期间可恢复包厢功能（可提供必要的餐饮服务）；第二方案可提前预售、冠名等。这些赛后运营的内容在设计及施工中对厨房位置、管线的预埋、包厢改餐厅的条件等等均预留了条件。

国家体育馆考虑到与北侧国家会议中心展示功能的衔接，比赛及热身场地赛后将考虑作为展览展厅及演出使用，一层东侧的部分用房将改造为餐厅，此外考虑到赛后的展览展示功能

2-35 西南角望向游泳中心

需求，在设计中非常注重赛后利用以及物流的流线组织，热身场地北侧直接与室外半下沉广场连接，货车可以直接抵达此处，再通过热身馆的北侧4m高大门，可将货物直接送至场内。

第四节 体育工艺设计

一、运动员用房

运动员用房主要设置在0.00m层比赛场地的北侧，位于比赛场地和热身场地之间，非常便于运动员进行热身和参加比赛。

运动员更衣室共设置四套，每套运动员更衣室均分为运动员更衣、淋浴、卫生间、按摩间、教练领队更衣间五个部分，其中淋浴间喷头按每3个运动员设一个，共设有9个喷头，运动员更衣室总建筑面积控制在125m^{2}至162m^{2}之间，最多可满足25名运动员更衣淋浴的需要。

检录处位于比赛场地、热身场地及四套运动员更衣室的中心位置，是运动员交通流线的枢纽。

兴奋剂检测室和医务室分别位于运动员区的东西两侧，同时医务室靠近运动员退场出口处。

运动员出入口设置在建筑0.00m层的西侧，紧邻用地内车行道路，赛后将非常方便运动员进出体育馆。

赛后运动员停车场紧邻运动员出入口。奥运会期间根据赛时运营规划要求，该停车场将临时改为VVIP停车或其他特种车辆停车。

二、媒体用房

媒体用房设置在0.00m层比赛场地的西侧，媒体席位的正下方，文字记者通过专用楼梯，方便在媒体席位与工作用房之间往返。

新闻发布厅及记者工作用房临近运动员的退场口，便于记者在混合区和新闻发布厅内对运动员进行采访。

新闻发布厅总建筑面积约为274m^2，最多可满足250名记者采访的需要，同时新闻发布厅还考虑临时设置5个同声传译间，满足奥运会期间同声传译的需要，奥运会后可根据需要保留或拆除。

赛后媒体用房出入口设置在建筑（0.00m层）西侧，紧邻用地内南北向车行道路，赛后将非常方便记者进出体育馆。

赛后媒体室外转播区位于媒体出入口的北侧，距离约为60m，室外转播区面积约为720m^2。

三、赛事管理用房

赛事管理用房位于0.00m层比赛场地的南侧和东侧，主要包括国际国内各单项协会用房、裁判员用房、成绩处理机房、总纪录室、组委会用房等。

上述用房均紧邻比赛场地设置，并设有专用出入口进出比赛场地。

赛事管理用房对外出入口位于建筑0.00m层的西侧，紧邻用地内车行道路，方便赛事管理人员进出体育馆。

赛事管理人员停车场紧邻其出入口，奥运会期间将临时改为VVIP停车。

四、贵宾用房

贵宾用房设置在比赛馆0.00m层西侧的中间位置，共设有大小两个贵宾休息室及相应的服务、安保用房，在贵宾区的门厅处设有两组电梯连接贵宾用房与贵宾席位。贵宾对外出入口设置在建筑的西侧，并紧邻用地内车行道路及贵宾停车场。

五、其他附属用房

其他附属用房主要包括场馆运营管理用房、机房、车库、人防工程以及热身场地全民健身用房。

考虑到场馆运营管理用房常年有人在此办公，需要良好的物理环境，该用房主要设置在热身场地东西两侧附属用房6.00m标高处，并设有可开启的外窗。

机房：主要机房设置在建筑的地下一层（-4.00m），其中冷冻机房、主变配电室、发电机房，位于地下车库的南端、风机房位于地下车库的四角，保证为上部比赛大厅、热身场地送风距离最短。车库：车库位于地下一层，可停车474辆，通过两条7m宽坡道与位于建筑西侧室外下沉广场的南北向车行道路相连，同时在车库的西北角还设有专用通道与景观西路下车库公共联系隧道相连，可实现国家体育馆地下车库与其他用地内地下车库停车资源共享。

六、人防工程

人防位于地下车库的西部位置，分为两个部分，一部分为六级物资库，战时储物，平时停车，建筑面积为2226m^2；另一部分为五级人员掩蔽，赛时主要作为要员避难处，建筑面积为315m^2。人防总建筑面积为2541m^2。

七、热身场地全民健身用房

该用房设置在0.00m层热身场地的西侧，主要包括更衣室、卫生间、管理用房等，可满足赛后热身馆单独对外开放时全民健身的使用。

八、观众休息厅

观众休息厅主要设置在观众席四周6.0m标高和16.0m标高处，面积分别为8087m²和3620m²。

16.0m标高层的观众休息厅呈U字形平面布局，主要为楼座观众席服务，并通过六部大楼梯与6.0m标高观众休息厅相连。

6.0m标高层观众休息厅为主要大厅，一方面为池座观众席服务，同时又作为观众前往16.0m标高观众休息厅的中转厅，该厅可通过东、南、西三个方向的观众出入口直接与室外疏散广场相连。

九、观众席

观众席环绕比赛场地四周布置，由池座、包厢、楼座和活动座席四部分组成，奥运会期间主要分为观众席、残疾人席位、媒体席位、VVIP席位、VIP席位、运动员席位，可容纳人数为17392人；奥运会后分为贵宾席位、媒体席位、包厢席位、残疾人席位和普通观众席位，可容纳人数为20060人。

池座共有19排，可容纳观众7275人，观众可通过6.0m标高观众休息厅直接进入。

残疾人席位位于池座南侧看台6.0m处，共设有37个残疾人席位，残疾观众可通过建筑南部室外残疾人坡道直接进入6.0m标高观众休息厅。

包厢位于池座上方12.0m标高处，奥运会期间主要作为VIP和赞助商用房，为其配套的席位共有989个；奥运会后改为包厢，共有14个大小不等的包间，为包厢配套的席位共有989个。

楼座呈U字形布局，共有19排，赛时赛后均可容纳观众8418个。

活动座席一部分设置在0.00m标高比赛场地内，共有8排，能提供1648个席位，当举行篮球、排球、演出等活动时，伸出活动看台，一方面可多坐观众，另一方面可增加活

2-36 观众休息厅

2-37 二层观众大厅东北角

2-38 观众休息厅的观众席入口

2-39 四层楼座观众大厅

2-40 二层观众大厅西北角

2-41 四层南侧楼座平台

2-42 二层北侧观众休息大厅

2-43 二层北侧热身馆与观众区之间通道

2-44 二层南侧观众大厅

2-45 四层西北角楼座大厅入口

2-46 东南角观众楼座大楼梯

2-47 东侧观众大厅

2-48 从西北角狭缝处望向比赛大厅

动氛围，活动座席收起后，可利用第一排观众席与比赛场地之间的高差作为存放空间；另一部分活动座席位于6.0m标高平面上，主要位于比赛场地的东西两侧，共有11排，可提供1612个席位。

2-49 四层楼座休息厅

2-50 西侧观众大厅

2-51 观众席

第五节 无障碍设计

国家体育馆除了奥运会项目外，还承担了残奥会的轮椅篮球项目。从设计之初到施工进行到中期，由于一直没有残奥会的相关需求的文件，只能按照设计大纲（注：大纲中并未涉及残奥会要求）及国家的无障碍设计相关规范进行常规设计和施工。直到2006年6月，才在相关单位的组织下第一次举办了残奥会对场馆需求的专题会，并颁发了国际残疾人奥林匹克运动会场馆技术手册（以下简称：IPC技术手册）。

比较之前的设计图纸，IPC技术手册对于无障碍设施的要求远远大于常规设计，特别是奥运会至残奥会的转换期内不得再对土建及设施设备进行改造调整的原则，决定了奥运会的所有设施必须同时满足残奥会的需求，也就是要求所有无障碍设施必须一步到位，这使得工程的改造量加大，图纸的设计修改量也随之增多。尽管如此，奥组委的工程和环境部（无障碍设施处）仍坚持认为应尽最大可能满足残奥会要求，以体现“两个奥运会同样精彩”的办赛精神。

整体来说，国家体育馆的无障碍设施在场馆的其他各方面（包括无障碍坡道及入口、无障碍电梯、无障碍专用停车车位）均能满足残奥会的需求，需要调整改造的问题点主要突出在两个方面，一是观众无障碍看台和观众无障碍卫生间，二是运动员更衣室的无障碍卫生间和运动员出入口的门洞宽度。

无障碍看台的原设计主要是依据体育建筑规范、设计大纲以及城市无障碍设施规范要求，按照无障碍观众席数占总观众席数的0.2%计算（大约为36席），集中设置在场馆北侧一开阔的观众平台处。

从无障碍看台的观赛效果来看，体操比赛由于场地开

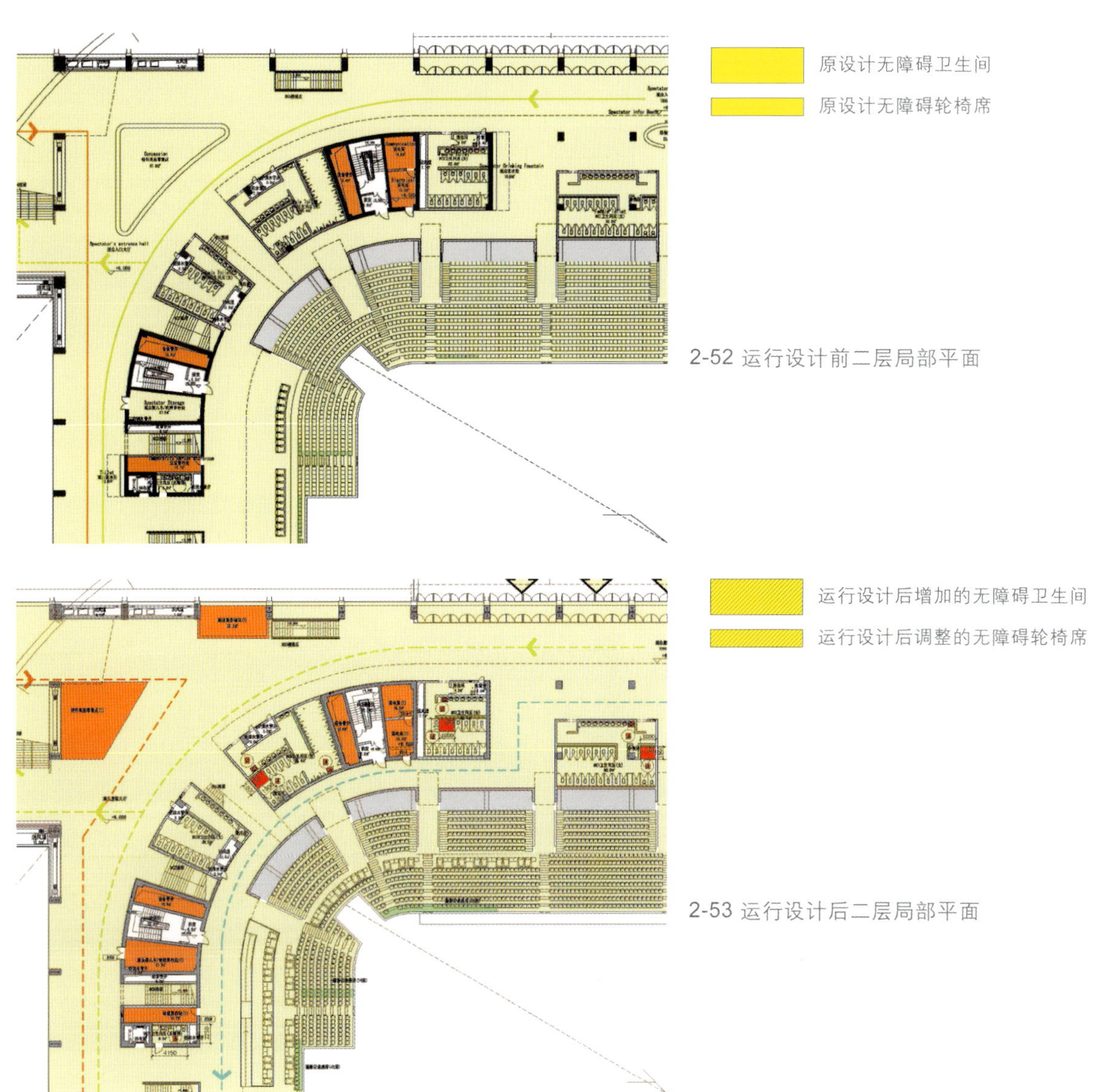

2-52 运行设计前二层局部平面

2-53 运行设计后二层局部平面

2-54 国家体育馆主入口无障碍坡道

阔，北侧看台的视野可以纵观全场，基本满足要求。可是到手球和轮椅篮球比赛的时候，北侧看台恰恰是对着球门和篮网，观赛效果非常不理想。作为体现“两个奥运会同样精彩”的办赛精神，奥组委认为残疾人观众应与普通观众一样，享有可以从各个角度观赛的基本权利，而不应该集中设置在某处。通过运行设计以及与业主、票务部门协商，并对视线重新进行校核，在东侧的普通席位处均等地拆除了一些座椅，改造成无障碍坐席，达到很好的观赛效果。

同样不能满足残奥会的需求的是，原设计中观众的无障碍卫生间也集中设置在北侧观众平台处。一般意义上讲，并非只有坐轮椅才称为残障人士，行走不便而拄拐或需要人搀扶的老年人都有对无障碍设施的需求，因此不能简单地按照残疾人席位数来确定无障碍卫生间的数量，而应均等地分布在普通观众卫生间内。为把这件事落实在图纸和施工中，经过反复研究调整，在尽可能对土建和设备安装不做大变动的前提下，在方便进出的位置将两个普通厕位改为一个无障碍厕位，重新对现有设施进行整合，在二层平台的各卫生间内均安装了无障碍设施，真正将体现以人为本的“人文奥运”落在实处。

由于残奥会期间，国家体育馆将举行轮椅篮球的预、决赛，为满足每日举行2个赛事单元，6场比赛的需求，IPC技术手册要求为运动员提供6套无障碍更衣室（含淋浴和卫生设施）。原设计中在比赛场地运动员的入口两侧已有4套无障碍更衣室，需要对热身馆的另外2套运动员更衣室进行改造。

当时国家体育馆所有卫生间的土建及管线都已经完成，淋浴及洗手盆的无障碍改造是可行的，但是对残疾人卫生间的尺寸调整确实有困难。按照奥组委领导提出的“功能需求冻结，不能再提出改变建筑结构的要求”及“尽量解决无障碍设施问题，已建成场馆无法改变结构，可采取其他方法解决。”的工作原则，运行设计中考虑在现有更衣室内增加临时一体化无障碍卫生间。但是进入到实施阶段时，问题又出现了，一体化的卫生间不能现场组装，而现状的门洞尺寸又满足不了整体搬运的要求，最后各方面综合考虑（工期、改造量及费用），只能通过在附近搭设临时设施的方式来解决。

IPC技术手册还要求装修后的门洞净宽度必须满足1.0m，这主要是因为轮椅运动员的专用轮椅与一般的残障人轮椅的尺寸有所不同，专用的运动轮椅的两侧轮子向外倾斜，达到在运动中重心沉稳的目的。而施工完的门洞均是按照当时无障碍设施的相关规定设计的，门洞的土建宽度为1m，装修后净宽度为0.8～0.9m，为满足赛事需要，只能对现有土建进行改造，拓宽了门洞口。除此之外，运动员更衣室内无障碍卫生间的轮椅回转空间也要求相应加大，需要从目前的1.2m×1.2m调整到1.5m×1.5m以满足运动轮椅回转的需要，在运行设计将原来运动员更衣室内的2个厕位调整为1个较大的厕位，另一个则通过改造教练的卫生间来解决。

由于残奥会的特殊性，尊重残疾人运动员的尊严以及保障残疾人运动员的个人隐私是运行设计中始终贯穿的一个原则。举个小例子，比如运动员更衣室内的集中淋浴间，对于一般的运动员来说，并不需要隔断遮挡，视线都是通透的，可是出于尊重残疾人运动员的隐私权，在所有淋浴器之间均加设了软质遮挡隔帘，使参赛运动员可以处处感受到以人为本的奥运精神。

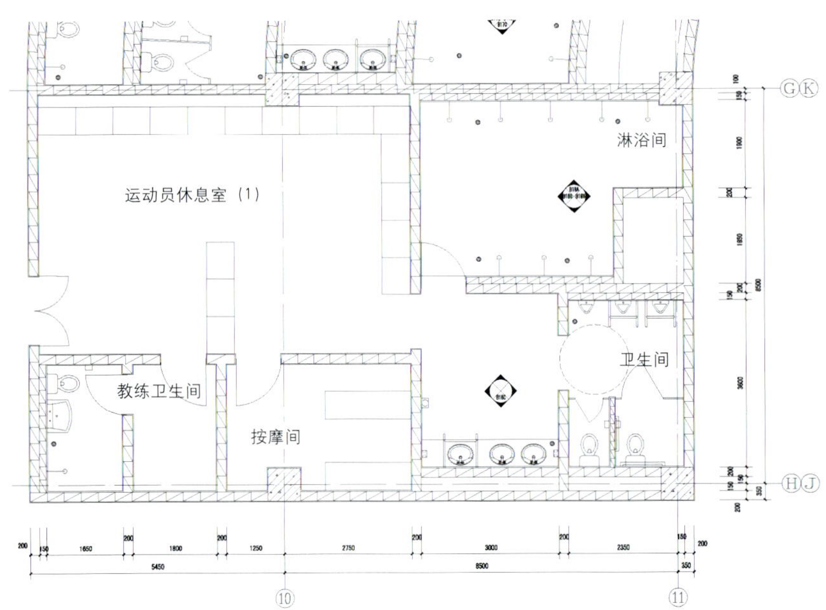

2-55 运行设计前运动员更衣室平面

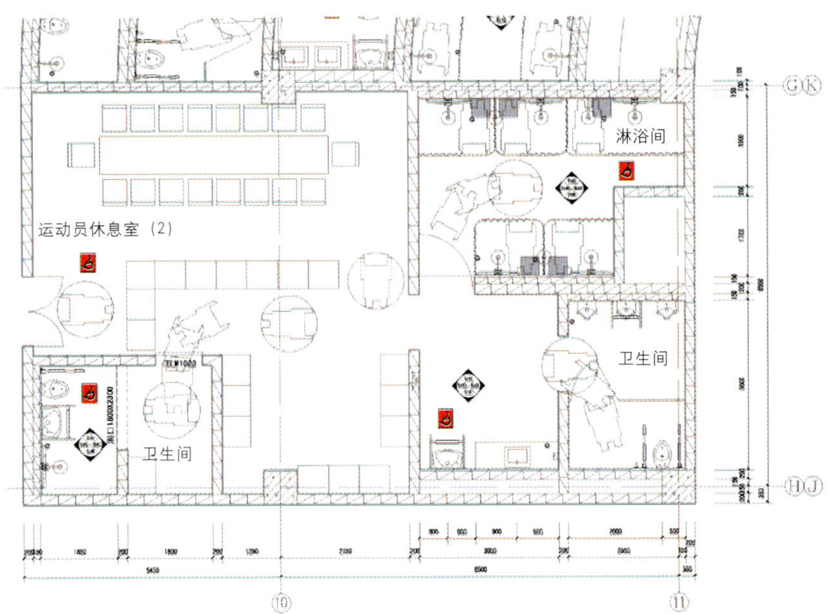

2-56 运行设计后运动员更衣室平面

第六节 人性化设计理念

一、人性化的设计理念

国家体育馆设计充分考虑“以人为本”的理念，为所有与会人员提供安全、舒适的空间环境和设施，最大限度地满足使用要求。国家体育馆打破以往观众上二层高架平台的概念，利用地形上下半层，采用大坡道的方式使观众更易抵达入口门厅，实施人车分流，体现“以人为本”的设计理念。

比赛场地位于自然地坪下约3.5m，并在建筑西侧、北侧设置下沉广场，南北各有一条坡道与城市道路相连，运动员、媒体、贵宾等人员可通过西侧的下沉广场直接进入场馆；在建筑的东侧和南侧设置缓坡式观众聚散广场，观众可直接从城市道路通过缓坡式聚散广场进入体育馆的观众层，避免与其他人员（运动员、媒体、贵宾等）和车辆的交叉。

根据国际体操联合会要求，比赛场地和热身场地应处于同一层，而且两者之间距离尽量短。从运动员大巴下车进场馆到运动员进行比赛，所有相关设施及场地（热身/比赛）均设置在同层，热身馆紧邻并位于比赛馆的北侧，与比赛场地平层，并将比赛场地与热身场地之间的距离尽可能缩短，从体操运动员热身后通过检录进入比赛场地，仅有短短的26m，非常有利于运动员参加比赛。

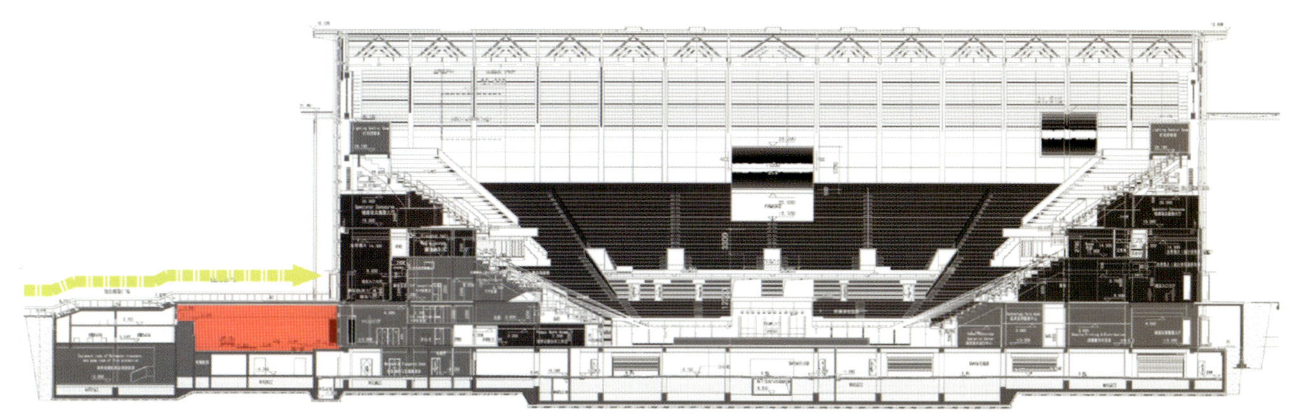

2-57 二层观众流线

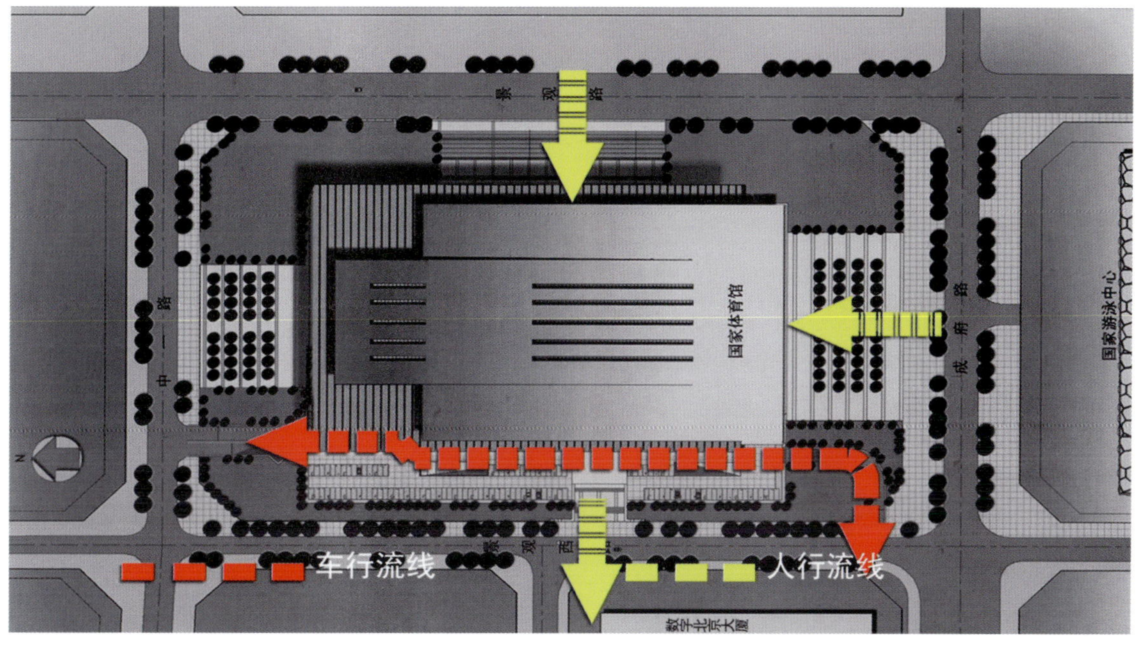

2-58 场地车行及人行流线

二、比赛场地

当活动看台收起时，平面净尺寸为73.5m×43.0m，场地最小净空为28m，可满足最高级别的体操比赛的需要，由于国家体育馆北侧为国家会议中心，此场地也可作为展示场地；当活动看台伸出时，比赛场地平面净尺寸为60.0m×30.0m，可满足最高级别的手球、篮球、羽毛球等室内比赛的需要。

热身场地平面净尺寸为61.0m×49.0m，场地上空净高最小为24m，可满足比赛场地所举行各种赛事活动的热身需要；实现比赛场地与热身场地相同条件的要求。

比赛及热身场地的地面材料没有按照常规使用运动木地板，而选择了耐磨耐压、易清洗的自流平水泥地面。从赛后的使用性质以及场馆的维护等多方面考虑，它不仅可以满足赛后利用为展厅时，货用叉车直接驶入场内，而且也降低了赛后对地面的日常维护费用。

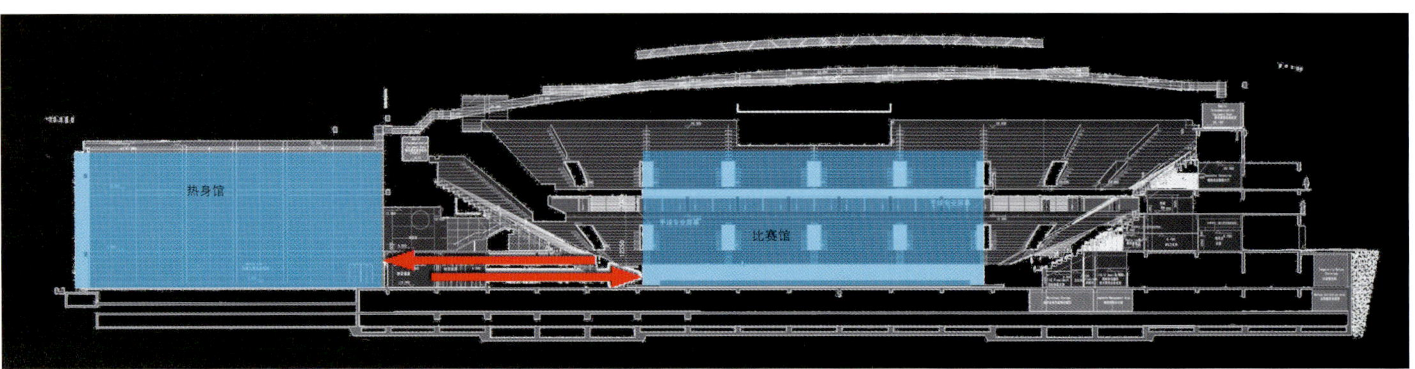

2-59 比赛馆及热身馆剖面图

2-60 国家体育馆比赛场地

第七节 玻璃幕墙

随着现代幕墙技术的发展，形式多样的玻璃体系，包括玻璃肋及拉杆的应用将成为设计师开拓空间、表现设计风格的首选方案；国家体育馆外幕墙选用了横向玻璃肋+竖向吊杆幕墙体系，其竖向受力结构为Ⅱ型钢，横向受力结构为钢化夹胶玻璃肋，跨中设置高强不锈钢吊杆及内外玻璃肋的稳定拉索。该幕墙体系形式新颖、通透，结构稳定性好，在国内外尚属首次应用。

国家体育馆工程外幕墙总面积25400m^2。幕墙玻璃为大板块4m×2m，水平玻璃肋构件超长，一般为8.5m，最长12m。加之吊杆及吊索穿插，材料加工及施工难度大。深圳市三鑫幕墙工程有限公司在深化设计过程中，创造性地提出了玻璃肋作为横向受力构件、不锈钢吊杆作为竖向受力构件、Ⅱ型钢承担系统自重的新型受力体系。通过1:1的风压、气密、受力、防水模拟试验，验证了理论计算的准确性。施工中成功克服了超大跨度横向玻璃肋竖向变形及吊杆伸长量控制和玻璃面板的接缝设计等施工难题。“外幕墙施工技术研究”是国家体育馆工程科研成果的重要组成部分，该项技术经专家评定达到了国内领先水平，并已被评为2008年北京市科技进步奖。

一、玻璃幕墙构造节点概念方案

国家体育馆外围护结构全部采用了幕墙设计，包括玻璃幕墙和金属幕墙。玻璃幕墙构造节点设计重点考虑了Ⅱ型钢与主体劲性混凝土柱、与水平玻璃肋的构造连接方式。

2-61 玻璃幕墙实景

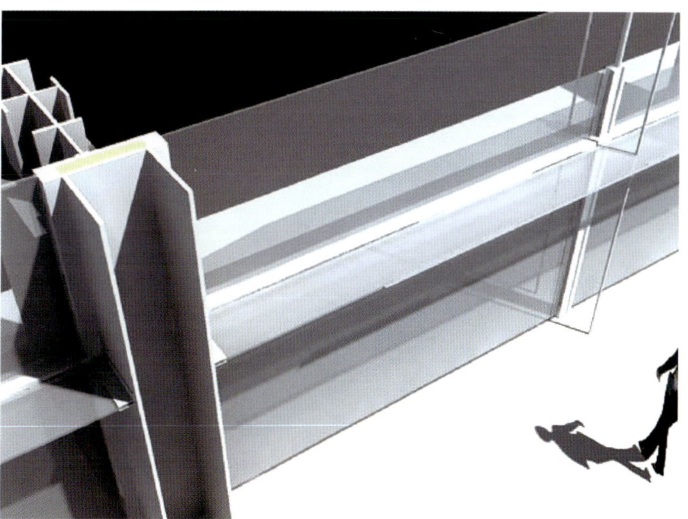

2-62 Π型柱、水平玻璃肋幕墙体系示意

2-63 水平玻璃肋与垂直玻璃示意

2-64 玻璃幕墙实景

2-65 西部入口玻璃幕墙

二、玻璃肋幕墙系统设计方案

本工程标准轴距为8500mm，总长212.5m，总宽165.05m，在此平面上按轴线分布玻璃幕墙。

立面玻璃幕墙玻璃在每个轴距上2个分格，竖向按2m高度分格布置。横向抗风体系采用内外两条玻璃肋，竖向自重由高强度吊杆传至顶部横梁，再由钢横梁传至两侧Ⅱ型钢柱上。直面玻璃分格为4000mm×2000mm。玻璃面板以玻璃肋、Ⅱ型钢等作为支撑系统，嵌入槽口内，形成封闭的玻璃幕墙。

横向受力结构采用钢化夹胶玻璃肋作为水平抗风体系，跨度为8500mm，竖向间距2000mm。玻璃肋跨中设置高强不锈钢吊杆承受玻璃板块自重，在内外玻璃肋跨中设置竖向稳定拉索。

立面玻璃幕墙采用Ⅱ型钢柱作为竖向主受力结构，布置于外缘轴线上，Ⅱ型钢柱截面宽度700mm，采用钢板连接件将Ⅱ型钢连接于主体混凝土柱上。

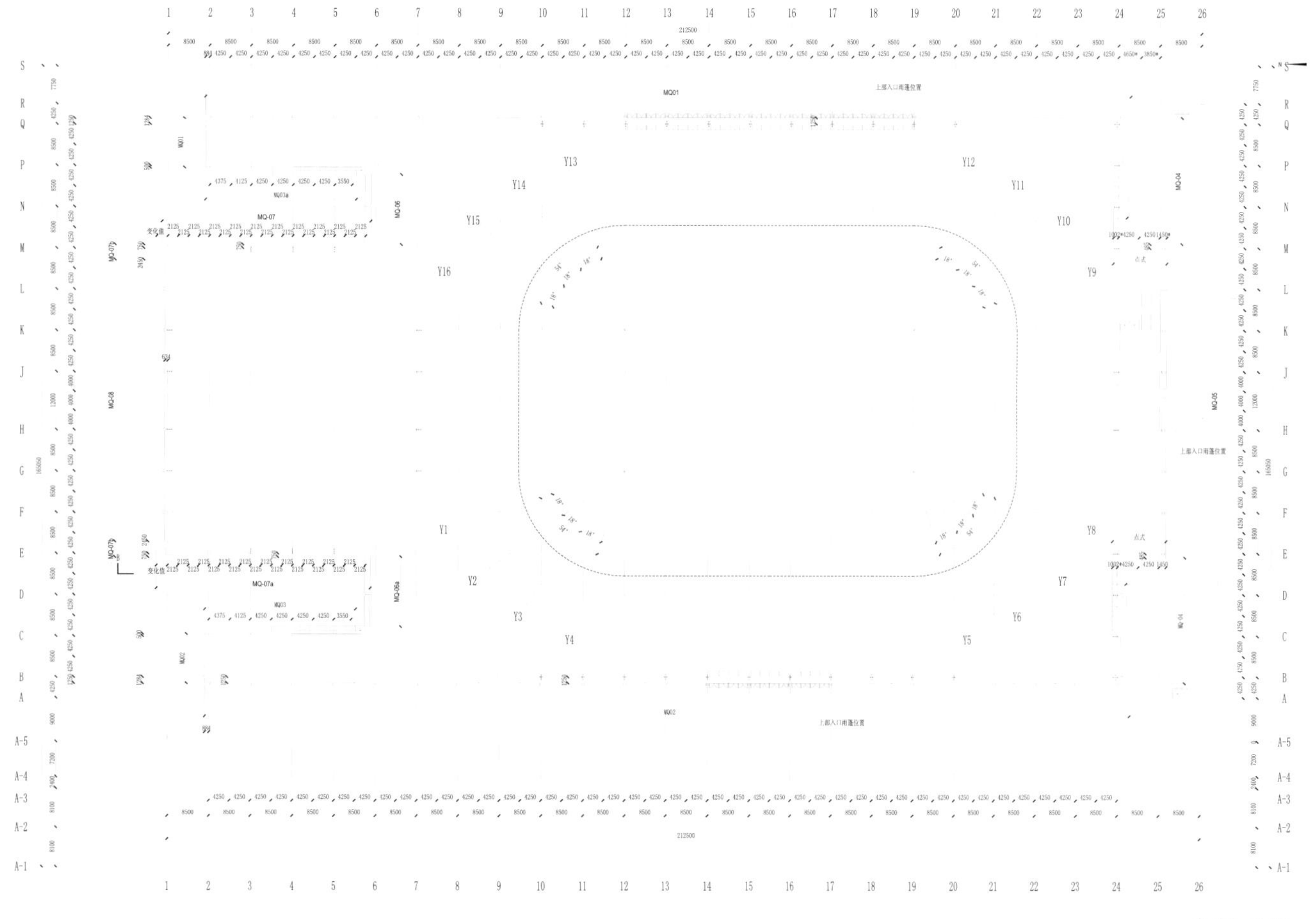

2-66 平面

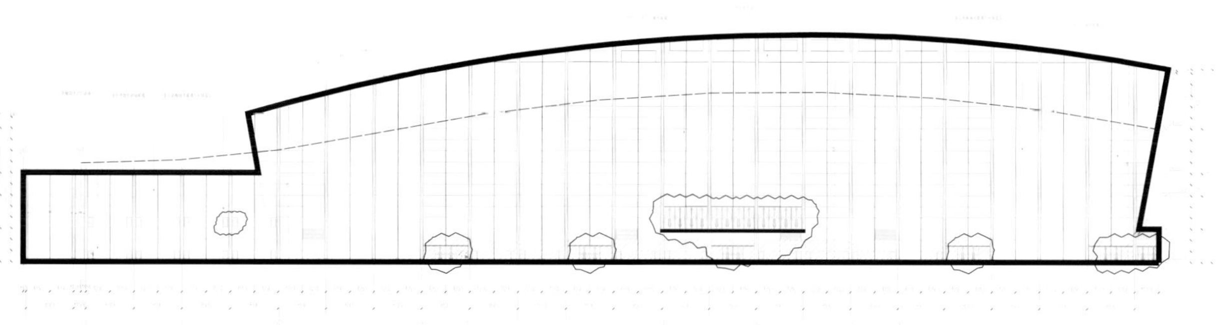

2-67 立面

2-68 安装过程中的玻璃肋和竖向稳定拉索

2-69 玻璃肋与∏型钢的连接

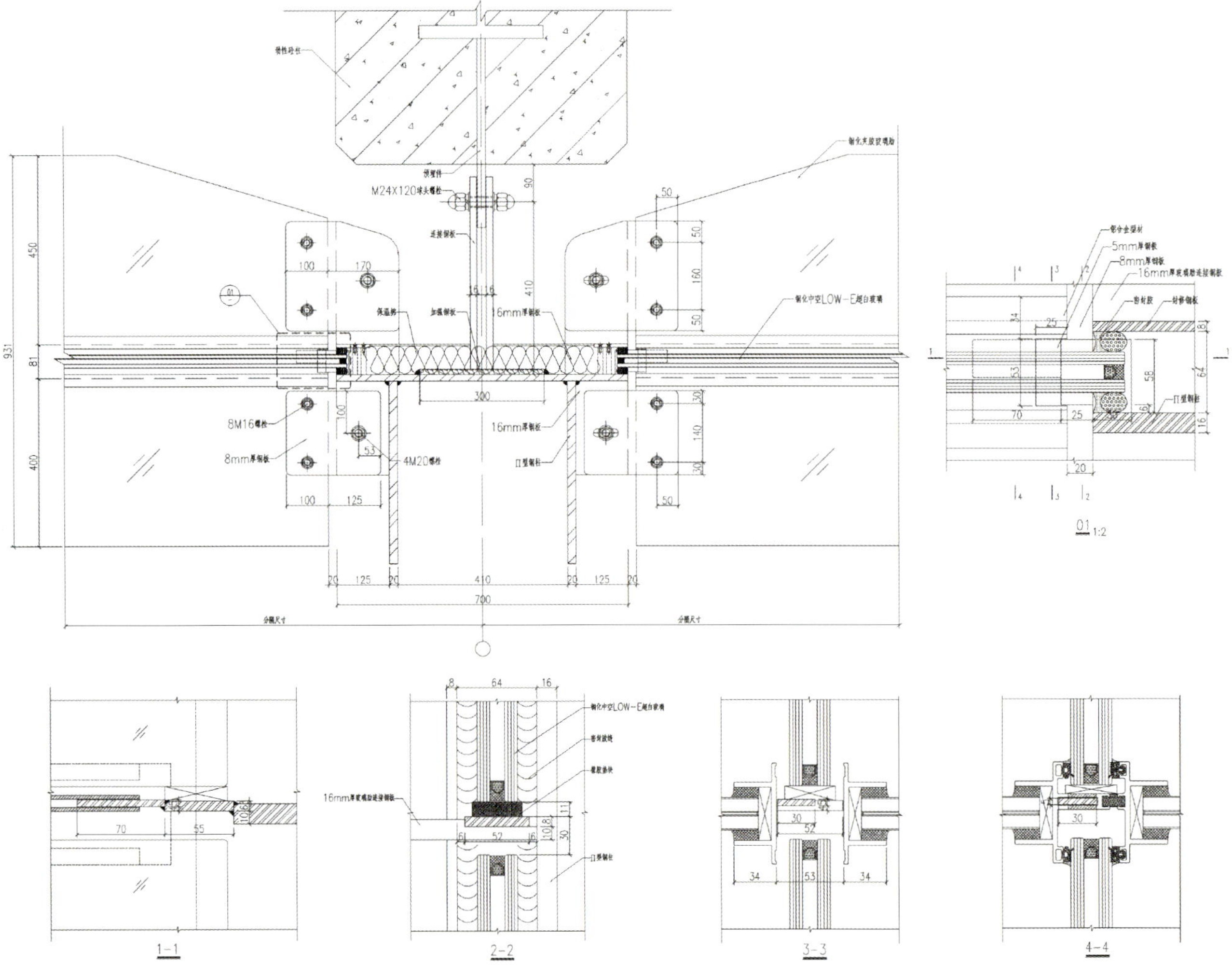

2-70 幕墙节点图

三、深化设计

根据建筑造型选择横向玻璃肋+竖向吊杆幕墙新型受力体系（该体系中玻璃肋作为横向受力构件、不锈钢吊杆作为竖向受力构件、Π型钢承担系统自重）。根据建筑设计、材料性能及以往工程经验，初步进行深化设计，确定材料型号、厚度等。根据幕墙体系建立有限元计算模型，进行恒载、风载、地震等工况分析，对每一个杆件的受力情况、玻璃肋的受力情况、节点的受力等情况进行核算。

水平玻璃肋在竖向受自重及风荷载等作用，在水平方向承受玻璃面板传来的风荷载及地震等作用。进行竖向荷载和

2-71 安装过程中的Π型钢

2-72 安装过程中的Π型钢

2-73 安装过程中的Π型钢

水平荷载的计算，竖向荷载主要为玻璃肋自重、风荷载、雪荷载及活荷载；水平荷载主要为玻璃面板风荷载、地震作用及斜面玻璃面板自重产生的水平作用。水平玻璃肋的结构受力分析采用Ansys软件进行，通过计算确定水平玻璃肋的选用与校核。

竖向吊重拉杆只承受来自面板及结构传来的自重，向上的风荷载为有利条件，可不考虑。拉杆只承受轴力作用。拉杆在每个分格处受玻璃面板及玻璃肋传来的自重节点荷载作用，故可计算出在面板为中空玻璃的每分格处拉杆上所受轴向节点力标准值，以及在面板为单片玻璃的每分格处拉杆上所受轴向节点力标准值。采用Ansys软件进行轴力分析。通过计算确定竖向吊重拉杆的选用与校核。

竖向稳定拉索只承受来玻璃肋传来的自重及风荷载，拉杆只承受轴力作用，采用Ansys软件进行轴力分析，通过计算确定竖向稳定拉索的选用与校核。

材料通过选用及校核之后，对细部节点进行深化，包括水平玻璃肋两端固定、跨中拉杆安装、稳定拉索安装节点及各种材料的交接处理等，使节点能够满足材料加工及安装需要。

在国家体育馆玻璃幕墙设计中采用了多项新工艺、新技术，其难度之大，精度之高国内罕见，其中许多设计都打破了常规，尤其在玻璃结构的应用上，在国内乃至国际上更是少有。国家体育馆玻璃幕墙工程为国内玻璃结构和大板块玻璃幕墙设计积累了丰富的先进经验。

2-74 四层南侧观众厅观景平台

2-75 安装过程中的玻璃肋

2-76 安装完毕的玻璃肋

2-77 从南侧观众大楼梯望向国家游泳中心

2-78 国家体育馆南侧室内

第八节 金属屋面

国家体育馆屋面采用铝合金复合轻质屋面系统。与传统的仅能满足防水、保温、吸声功能要求的三层构造做法相比较，新做法采用八层构造，在加强上述三项功能的基础上，增加了隔声、降噪功能。能够提供更好的室内声环境，满足体育馆赛后多功能使用的要求。

一、屋面构造节点

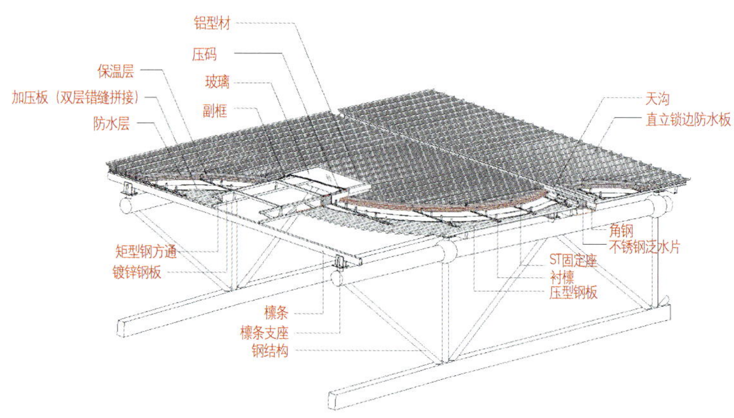

2-79 三维示意图

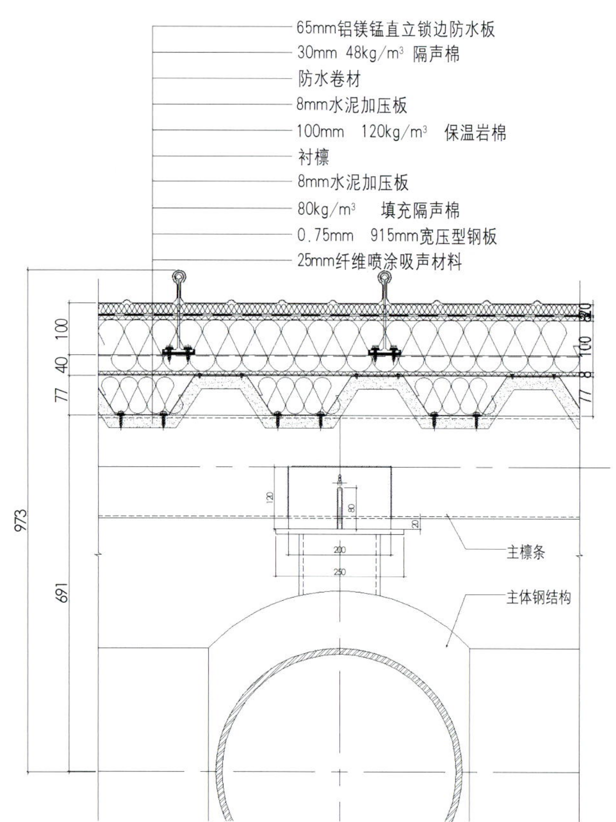

2-80 构造做法示意

二、屋面的隔声降噪

采用双层水泥加压板夹岩棉、底层钢板喷涂无机纤维层的构造做法，为国内首次采用。清华大学建筑环境检测中心对国家体育馆组合金属屋面系统进行了声学性能检测。检测分为两种模式，一种是未进行底层钢板喷涂无机纤维，在2mm/min的大雨下，撞击声室内噪声声功率级LWA=42.9dB（NR39），无机纤维喷涂后，撞击声室内噪声声功率级降到LWA=38.8dB（相当于NR34），室内声功率级为38.8dB（NR34），雨噪声改善量为5NR。空气声隔声指标达到54dB(STC:54)。

底层钢板喷涂无机纤维层，吸收了80%入射声能，有效解决了底层钢板引起的反射和声聚焦，缩短了混响时间，使体育馆的背景噪声达到了高标准的使用要求。采用喷涂无机纤维材料，尤其适合国家体育馆波浪弧形结构和凸凹形金属结构，与基底无接缝粘结形成了一个密闭整体，有效阻断了热桥，起到了辅助保温的作用。

三、悬挂空间吸声体

空间吸声体板块1000mm×190mm×0.4mm，根据空间尺寸，每500mm立向悬挂一块。吸声体板块外包层为高效三防功能性织物（空间吸声体包饰布），幅宽130cm，内层为复合夹芯材料，燃烧性能达到GB 8624 A级。

悬挂空间吸声体经吸声性能检测，音频从63Hz至8000Hz变化，按照衰变曲线图结合耦合空间进行计算，声学性能完全符合设计要求。

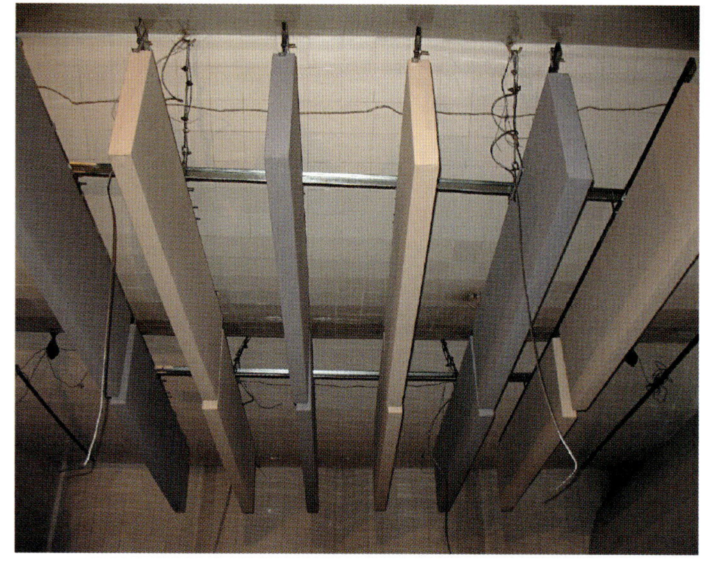

2-81 悬挂空间吸声体

第九节 细部节点的推敲

一个建筑最终完成后是否能够达到满意的效果，得到社会方方面面的认同，单靠一个设计理念是远远不够的，需要多方位、多角度全面细致深入的设计。人们常说“细节决定成败”，对于建筑而言，就是设计好每一个细部节点。随着计算机辅助设计软件的不断发展，为建筑师提供了更多的设计手段来进行建筑细部节点的方案设计。国家体育馆在设计过程中非常注重这方面的设计，每一个重要的部位，包括形式、构造、选材、色彩、安全等，均需在统一设计构想的指导下进行多方案比较后确定。

一、外墙及其细部设计

外墙不仅关系着建筑外部立面效果，还与建筑内部空间息息相关，尤其还要重点解决建筑围护（包括选材、保温、采光、遮阳）以及与屋面、地面相关节点处理等技术问题。

2-82 局部立面单元的空间及细部做法的推敲模型

2-83 立面细部

2-84 完成后的外部实景。具有序列感的棚架钢支撑

2-85 完成后的内部实景

二、室外棚架

室外棚架是建筑主体重要的室外空间元素，形成建筑灰空间，并在外形景观方面发挥重要作用。不仅在功能上能够起到由室外宽阔空间到室内限度空间的过渡作用，而且还具有一定的建筑遮阳作用。在设计过程中对百叶形式及选材进行了较多的尝试和推敲。

在百叶选材方面，曾设想采用木质百叶。主要是因为较复杂的百叶外形，采用木材较金属易加工，同时可通过木材所具有特殊质感，创造较新颖的外观效果。由于百叶数量较多，单纯的外形更易形成整体效果，同时考虑到在室外，金属较木材在防腐方面的优越性，最终确定采用铝合金板制作的月牙形百叶方案。

2-86 热身馆两侧附属用房局部入口立面

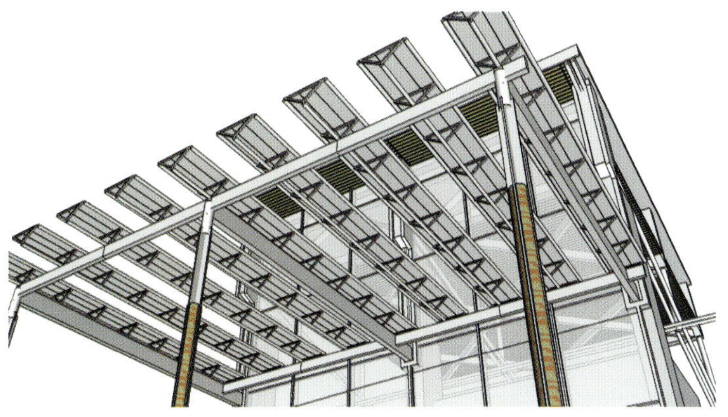

2-87 小桁架式金属百叶

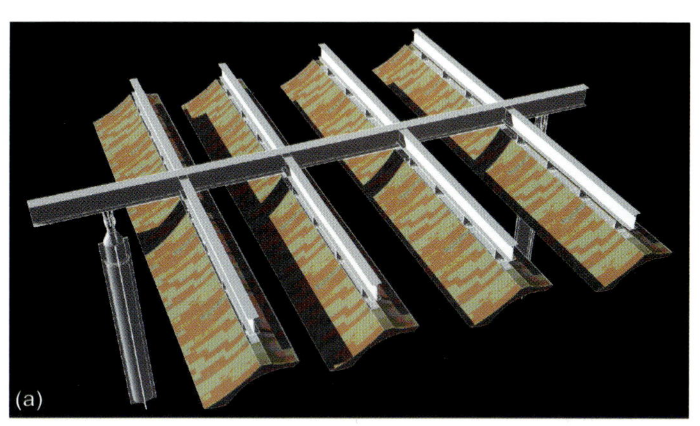

2-88 外露张拉索式金属百叶

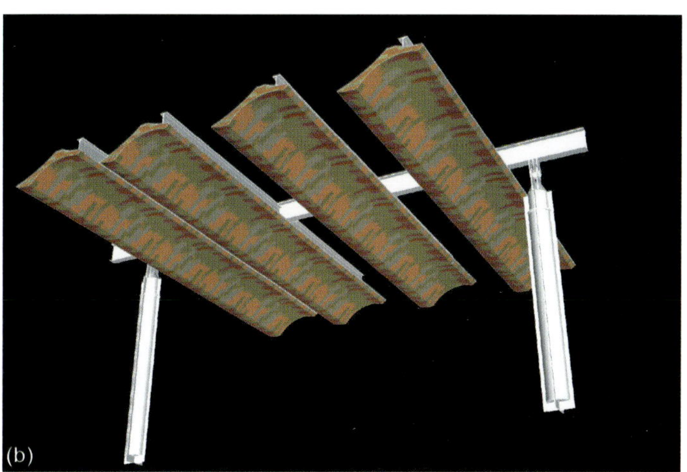

2-89 改进后的下弯式百叶(a、b)，融入了书法中"撇、捺"的元素

2-90 下弯式木质百叶

2-91 西北角棚架

2-92 东北角棚架百叶

2-93 东南角棚架百叶

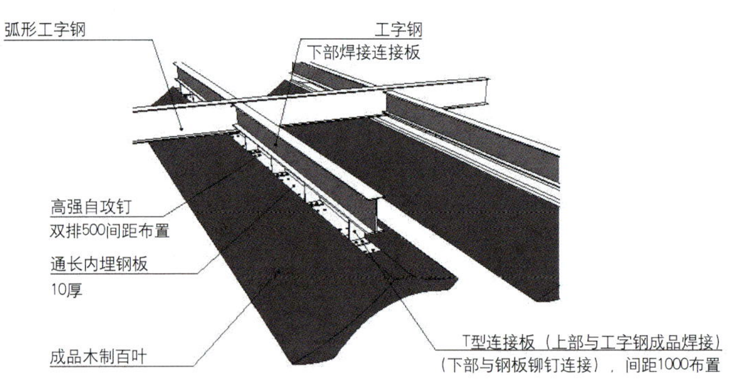

① 木制百叶安装示意

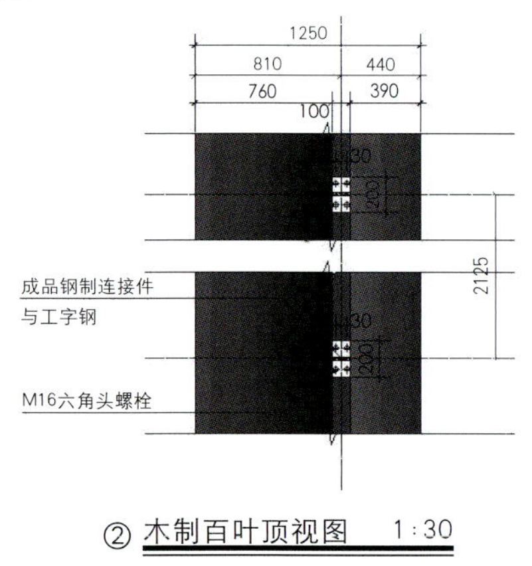

② 木制百叶顶视图 1:30

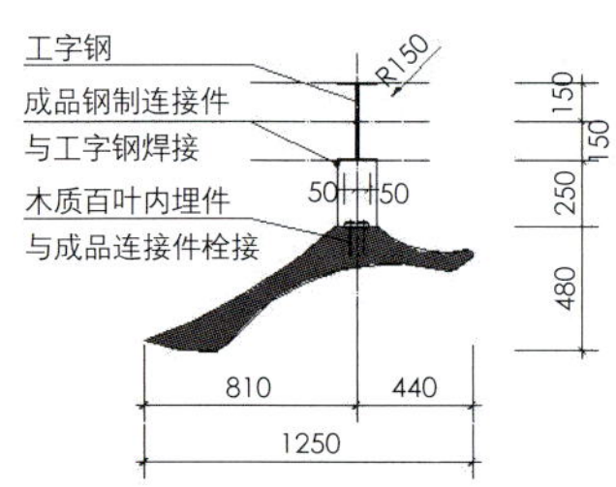

③ 木制百叶断面图 1:30

2-94 过程中节点详图

2-95 从室外棚架望向国家体育场

2-96 屋顶局部。经多方案比较最终实施方案为简洁的“月牙”形百叶

三、室内观众大楼梯

为满足楼座观众疏散要求，围绕观众看台，在观众休息厅共设置了六个室内观众大楼梯。该楼梯是休息厅空间重要的景观元素，由石材、玻璃和钢组合而成。采用工厂加工构件，现场安装的方式，形成构件外露、整齐通透、外观简约的风格。

2-98 完成后的室内大楼梯

2-97 室内观众楼梯采用彩釉玻璃为侧栏板材料与室内幕墙风格一致

2-99 二层观众大厅北侧池座楼梯

2-100 完成后的楼座观众大楼梯

四、钢结构节点

所有近人处和可视的钢结构节点都进行了深入的外观设计，主要包括屋顶钢结构双向悬索节点和室外棚架钢柱落地节点外观设计。

1.屋顶钢结构双向悬索节点

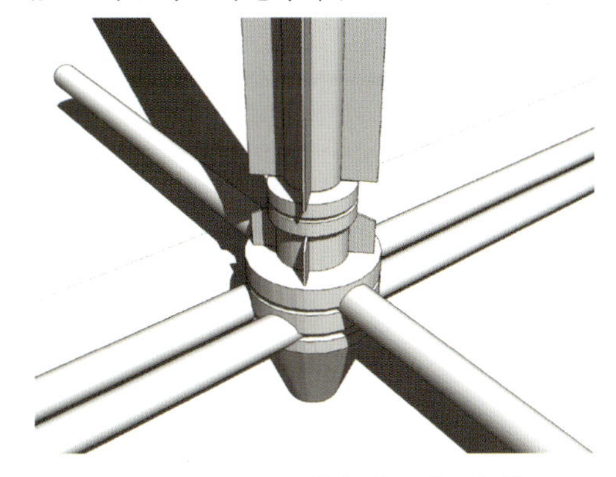

2-101 双向张悬梁撑杆节点外观大样

2-102 在双向张悬梁撑杆部分设计了十字翼板和端头柱帽，起到了装饰作用

2-103 完成后的实景。简化了下部柱帽，保留了十字翼板的做法

2.棚架钢柱落体节点推敲

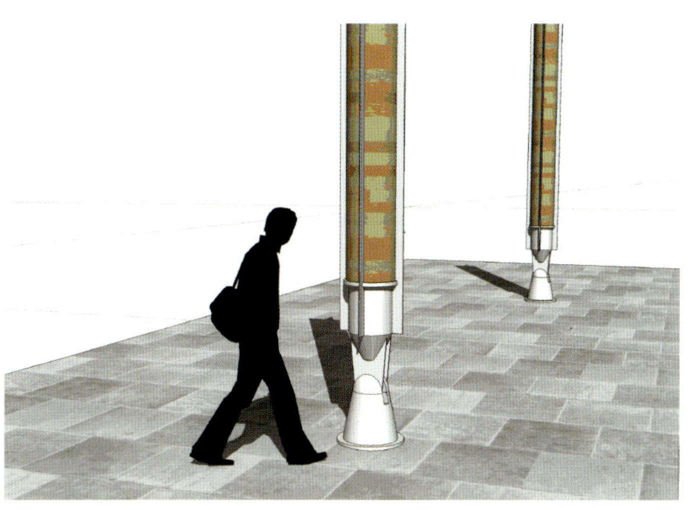

(a)

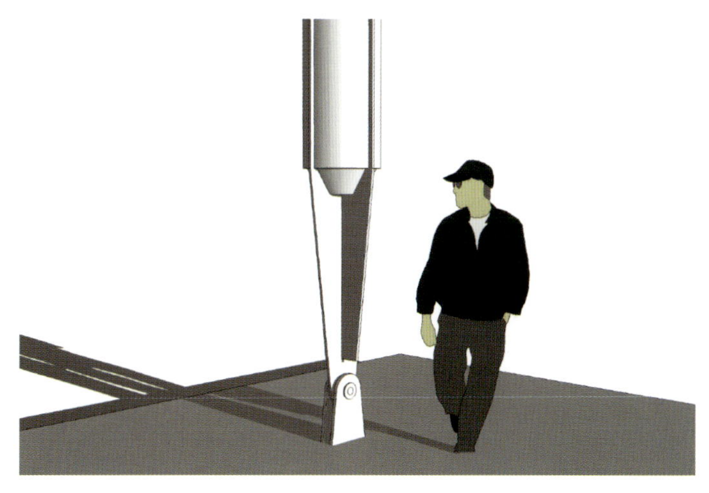

(b)

(c)

2-104 最终节点设计图

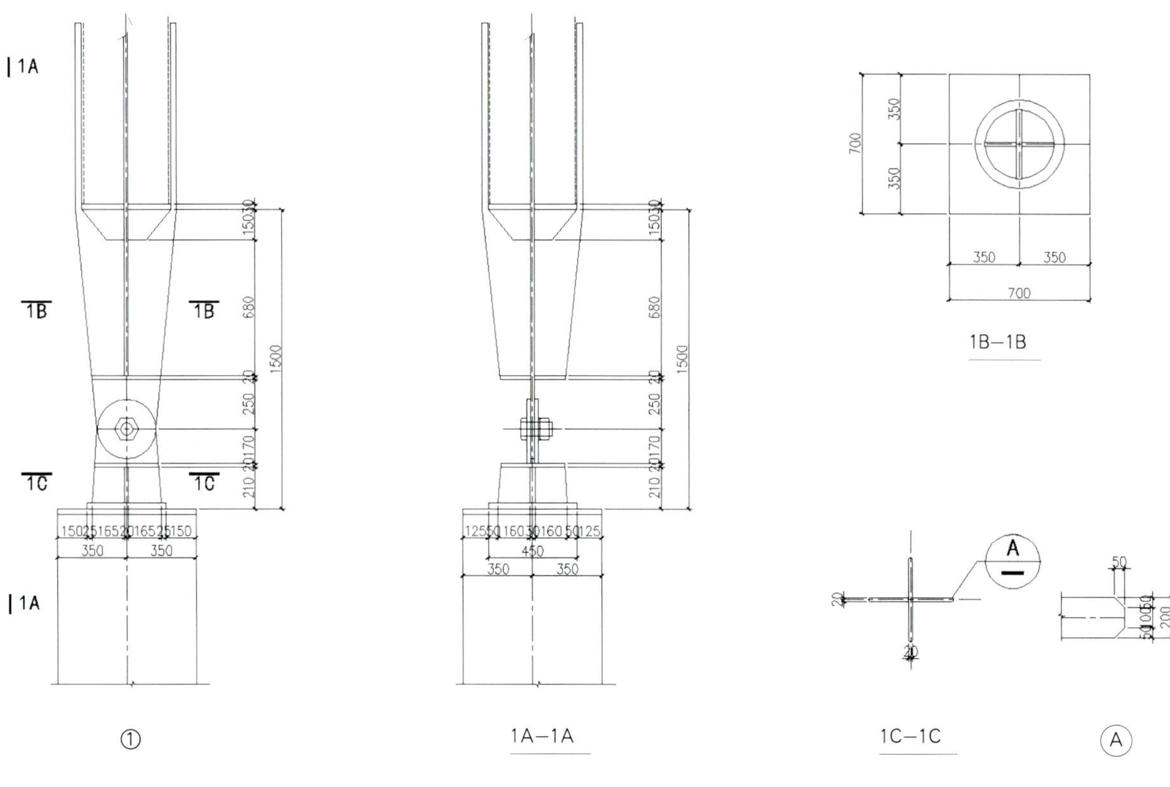

2-105 节点细部大样

2-106 完成后的实景

五、硅酸钙装饰板

在室内外设计中大量选用25mm厚硅酸钙板作为装饰板。硅酸钙板是以硅粉和钙粉材料为主要基材，以天然木质纤维为增强材料，外加其他辅助材料，通过流浆成型后，再高温、高压养护生成的一种新型建筑材料。具有优良的防潮、防火性能，是经济、绿色建材，同时也具有一定的装饰效果。采用此材料是以绿色环保为基本出发点，所用板材均刷涂透明防水处理剂，室外板防止吸水后强度变低，导致变性破坏，室内板提高其抗污染能力。硅酸钙装饰板与龙骨采用背栓式连接。

观众大厅采用硅酸钙板作为外挂装饰材料。在设计中尝试了以下多种布板方式。

2-107 水平方向布板，窄缝效果

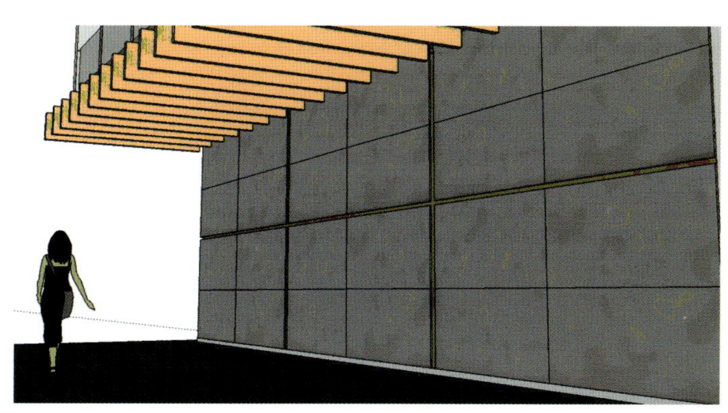

2-108 水平方向布板，宽缝效果

2-109 竖直方向布板，窄缝效果

2-110 竖直方向布板，宽缝效果

2-111 赞助商包厢环廊。硅酸钙板装饰挂板采用竖向错缝布板、开缝嵌型材方式

2-112 室外硅酸钙装饰挂板采用水平开缝方式

六、扶手栏杆

设计中采用多种不同类型的扶手栏杆。在保证美观、安全的基础上，尽量采用统一的基本设计元素（如扁钢、不锈钢椭圆管等），组合不同位置、不同要求的栏杆扶手。为节约造价，同时满足外观效果的需要，栏杆立梃多采用普通钢板表面氟碳喷涂，水平扶手采用不锈钢圆管，以避免普通钢管扶手磨损后出现油漆剥落等现象。

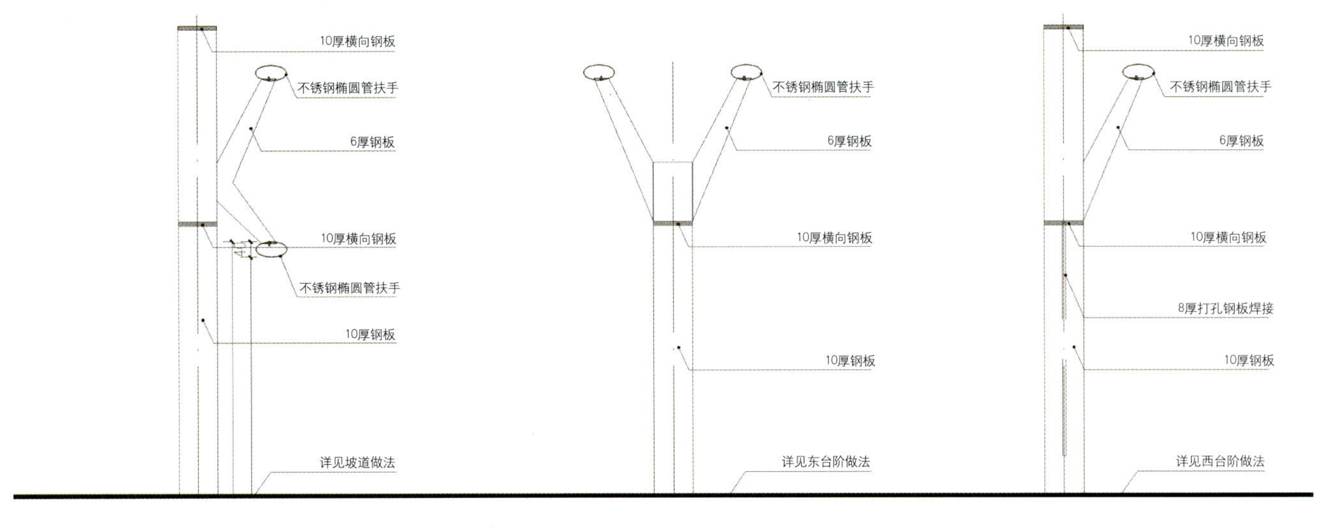

① 1#栏杆断面1：10
注:1#栏杆用于东侧台阶处，
每个栏杆长5 m

② 2#栏杆断面1：30
注：2#栏杆用于西侧台阶处

③ 3#栏杆断面1：30
注：3#栏杆用于残疾人坡道处

2-113 室外栏杆详图

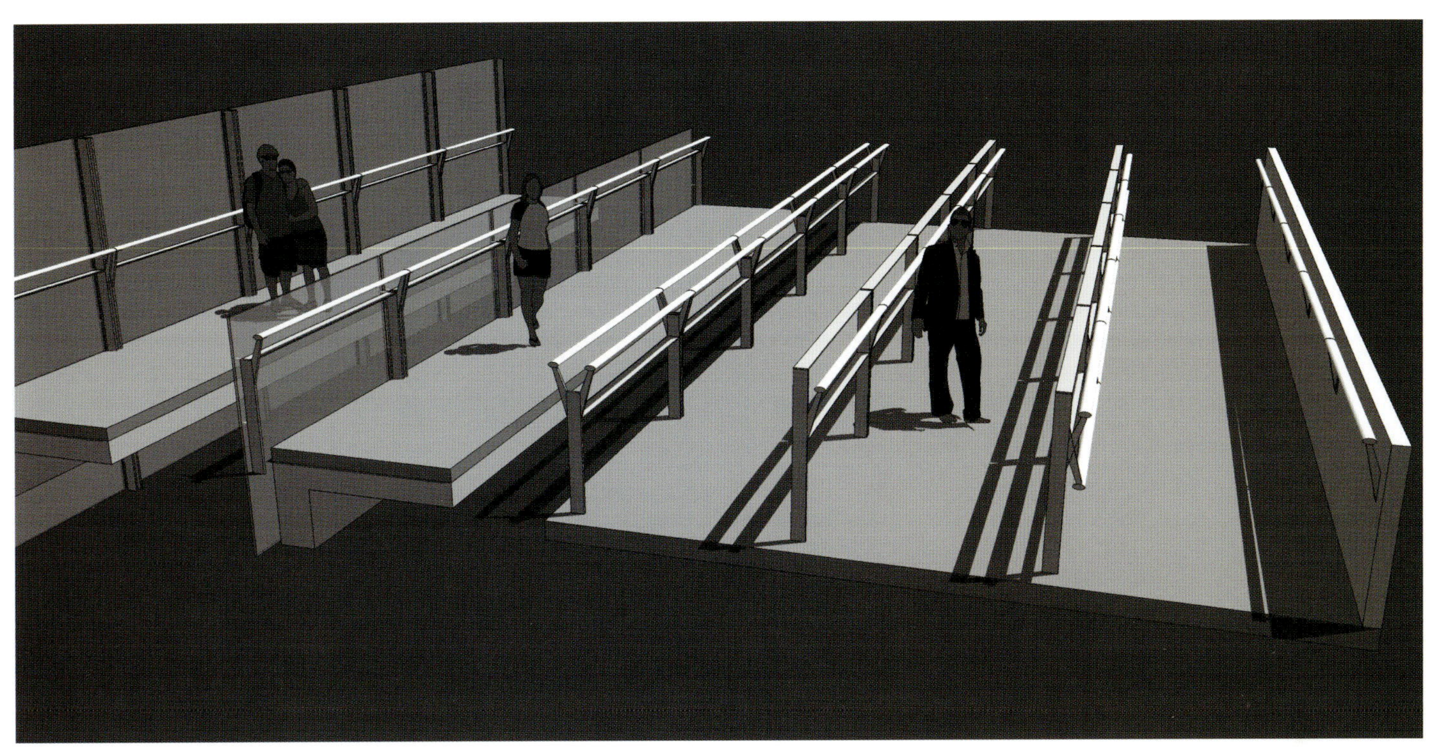

2-114 栏杆示意（从左至右）：包厢走道扶手栏杆、普通室内扶手栏杆、室外大楼梯分流栏杆、室外扶手栏杆、室外残疾人扶手栏杆、实体墙固定扶手栏杆

2-115 室内栏杆效果

2-116 观众东入口台阶广场。显示栏杆效果

第十节 声学设计

一、概况

国家体育馆奥运会后除进行各种大型国际体育比赛外，还可以举行包括演唱会、文艺演出、时装展示和魔术表演等多种大型活动，对声音效果有很高的要求。不仅要有清晰的语言扩声效果，还要有良好的音乐扩声效果。为了保证良好的扩声效果，必须有一个良好的建声效果作为基本条件。

国家体育馆平面呈矩形，观众席长约140m，宽约110m；比赛场地长约74m，宽约43m；屋顶为单向波浪弧形，比赛场距屋顶最高处的高度约为40m。比赛大厅与观众休息大厅连为一体，有效容积（包括观众休息大厅）为510900m^3，容纳约1.8万名观众，每座容积约为28.4m^3，平均自由程为18m。从建声设计的角度有以下不利条件：

（1）体育馆的屋顶形式为单向波浪弧形，比赛大厅内的屋顶呈凹弧形，容易产生声聚焦和回声等声学缺陷；

（2）体育馆的比赛大厅和休息大厅及热身馆连为一体，这种构造一方面增大了比赛大厅的体积和每座容积，增加了控制混响时间的难度；另一方面体积和混响时间不同的连通空间之间容易产生声耦合效应等声学缺陷；

（3）比赛大厅四周几乎没有墙面，而比赛大厅相通的外围护结构是大面积的玻璃，可以用来布置吸声材料的面积十分有限，也为建声设计增加了难度。

二、声学设计指标

1．比赛大厅声学设计指标

体育馆比赛大厅声学设计指标是根据《体育建筑设计规范》JGJ31－2003和《体育馆声学设计和测试规程》JGJ／T131确定的。按规范规定，综合性体育馆当体育馆容积大于80000m^{3}时的声学设计指标如下：

- 混响时间（s）：中频（500Hz），80%观众满场混响时间为1.7s，低频（125Hz）提升1.2倍（相对于中频），高频为0.9倍。
- 噪声限值（dBA）：比赛大厅内的允许噪声为背景噪声应低于35dBA，噪声评价曲线NR－30；空调运行、达到使用工况时，低于40dBA，噪声评价曲线NR－35。
- 大厅内不得出现明显的音质缺陷（回声、颤动回声和声聚焦等）。
- 控制环境噪声：体育馆活动时，体育馆场界噪声不得大于《城市环境噪声标准》的标准要求，即70dBA。

2．热身训练区声学设计指标

热身训练区面积为3237m^2，平均高度约25m，体积约81000m^3，声学指标如下：

- 混响时间（s）：中频（500Hz）空场1.6s，低频（125Hz）提升1.2倍，高频（2000Hz）提升0.8倍（相对于中频）。
- 噪声限值（dBA）：背景噪声应低于40dBA，NR－35，空调运行时，达到使用工况，应低于45dBA，NR－40。
- 没有明显的回声和颤动回声。

3．其他配套用房声学设计指标

- 新闻发布厅：面积274m^2，250座；
  混响时间：中频（500Hz）1.0s；
  背景噪声：空调运行时的噪声级低于30dBA，噪声评价曲线NR－25。
- VIP接待区：两个，面积分别为105m^{2}和137m^2；
  混响时间：中频（500Hz）1.0s；
  背景噪声：空调运行时的噪声级低于35dBA，噪声评价曲线NR－30。
- 文字记者工作区：两个，面积分别为238m^{2}和831m^2。由于是大空间办公，为了给文字记者一个良好的工作环境，对混响时间和背景噪声应有一定的要求：
  混响时间：中频（500Hz）1.0s（小）和1.2s（大）；
  背景噪声：空调运行时的噪声级低于40dBA，噪声评价曲线NR－35。
- 观众入口大厅：四个观众入口大厅分别位于体育馆的四个角，在建筑上是与比赛大厅连通的，为了避免由于混响时间相差过大而引起的空间耦合效应产生不利的声学影响，所以必须对观众入口大厅声学条件提出一定的要求：
  混响时间：中频（500Hz）2.0s（小）；
  空调运行时的噪声级低于40dBA，噪声评价曲线NR－35。
- 声控室：面积31m^2；
  混响时间中频（500Hz）：1.0s；
  背景噪声：空调运行时的噪声级低于30dBA，噪声评价曲线NR－25。

- 评论员室（或播音室）：面积78m²；
  混响时间：中频（500Hz）0.8s；
  背景噪声：空调运行时的噪声级低于35dBA，噪声评价曲线NR－30。
- 赞助商接待区：两个，面积分别为487m²和1591m²，为了给赞助商一个良好的工作环境，对混响时间和背景噪声应有一定的要求：
  混响时间：中频（500Hz）1.2s（小）和1.0s（大）；
  背景噪声：空调运行时的噪声级低于35dBA，噪声评价曲线NR－30。

三、混响时间的控制准则和技术措施

1．混响时间的控制准则

- 根据国家体育馆设计的总体要求（装修效果、吸声性能和投资限额等）选择和配置吸声结构。
- 所用吸声材料（或结构）在满足吸声要求的同时，应具有良好的装修效果，符合防火、耐久、环保、轻质、价廉和便于施工等要求。
- 顶部的吸声结构应结合屋顶的隔声要求，设计复合结构，实现加强围护结构的隔声性能，同时满足吸声要求。
- 为适应多功能使用时的不同混响时间，除了通过扩声系统的效果器（人工混响装置）外，将通过吸声帘幕实现可调混响的效果。
- 用于控制混响时间的吸声材料（或结构）应同时兼顾到消除音质缺陷和减低馆内的噪声。
- 所用吸声材料（或结构），应尽可能采用预制加工构件，减少湿作业和缩短工期。

2．主要部位吸声材料（结构）的选用和配置

- 将屋面设计成具有隔声和吸声双重功能的构造。通过采用双层水泥加压板、表观密度为120kg的岩棉、25mm厚板底无机纤维喷涂等构造措施，一方面提高轻质屋面的隔声性能，另一方面起到保温和吸声作用，因此它是集吸声、保温、隔声三项功能的复合结构。
- 在钢结构下部悬吊空间吸声体，具有吸声性能强、装饰效果好、重量轻、安装简便、防火和环保性能好等优点。空间吸声体四面暴露在声场中，有效地增加了大厅中的吸声面积。
- 观众入口大厅对美观有很高要求，所以在一般情况下的装修以视觉效果为主，对声学的要求不高。但由于国家体育馆的观众入口大厅与比赛大厅是连通的，与比赛、大厅形成了一个耦合空间，如果入口大厅内的混响时间过长，与比赛大厅的混响时间相差过大，则可能出现入口大厅内的混响声回灌到比赛大厅的情况，而对比赛大厅内的声学环境产生不利影响，尤其可能出现后排观众席的清晰度较差的情况。所以在本体育馆的休息厅装修时须结合墙面、吊顶进行必要的吸声处理，以保证入口大厅与比赛大厅的混响时间基本一致，但在进行吸声处理时还应充分考虑装修的视觉效果。
- 新闻发布厅以语言清晰度为主，必须有较短的混响时间。吊顶和墙面均应结合装修进行一定的吸声处理。

四、声学计算和计算机模拟

采取上述声学措施后，对比赛大厅的混响时间进行了计算并用计算机声学模拟软件对各项声学参数进行了模拟，由于体育馆的建声设计主要是为扩声提供条件，主要体现在混响的控制和避免回声等音质缺陷两方面，因此在计算机模拟中主要模拟了混响和脉冲响应两项。通过计算机模拟结果可见，比赛大厅的声学处理达到了设计要求。

1．混响时间计算

经过计算，80%满场时中频（500Hz，1000Hz）混响仅为1.35s；低频（125Hz，250Hz）为1.56s，提升1.16倍；高频（2000Hz，4000Hz）为1.31s，为中频的0.9倍。混响时间及频率特性皆满足设计要求。较短的混响为电声提供了有利条件。

2．观众席声压级分布（计算机模拟）

建声条件下观众席的声压级分布如图2－117～图2－119所示。由于比赛大厅的正常使用状态为扩声，因此建声状态下的声压级分布仅作为参考。从图中可以看出，观众席的声压级以直达声为主，

3.脉冲响应（计算机模拟）

在脉冲响应的模拟中，在观众席上共设置了18个接收点，位置如图2－120所示。

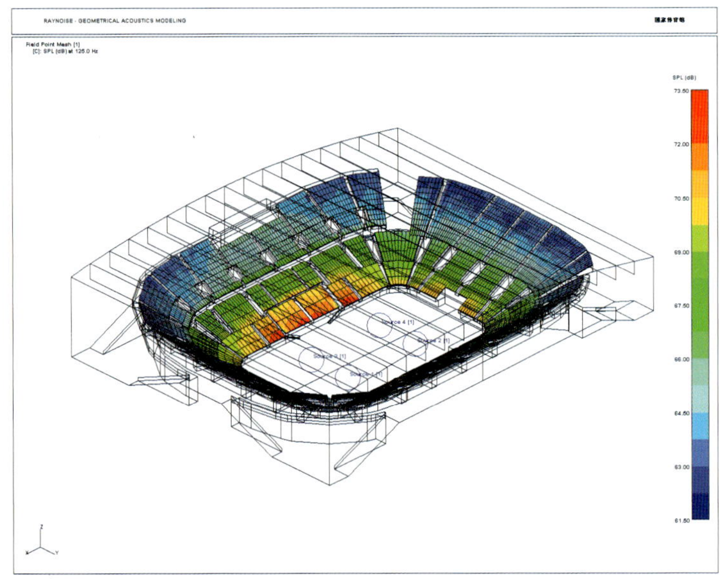

2-117 观众席的声压级分布（建声，125Hz）

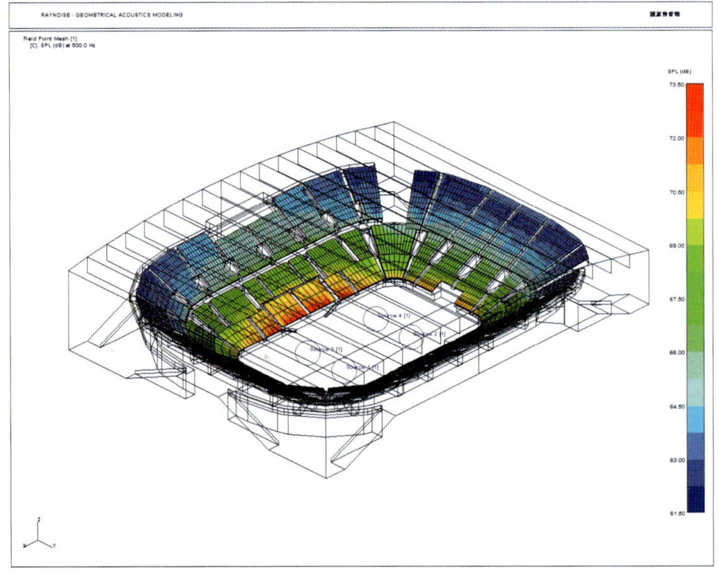

2-118 观众席的声压级分布（建声，500Hz）

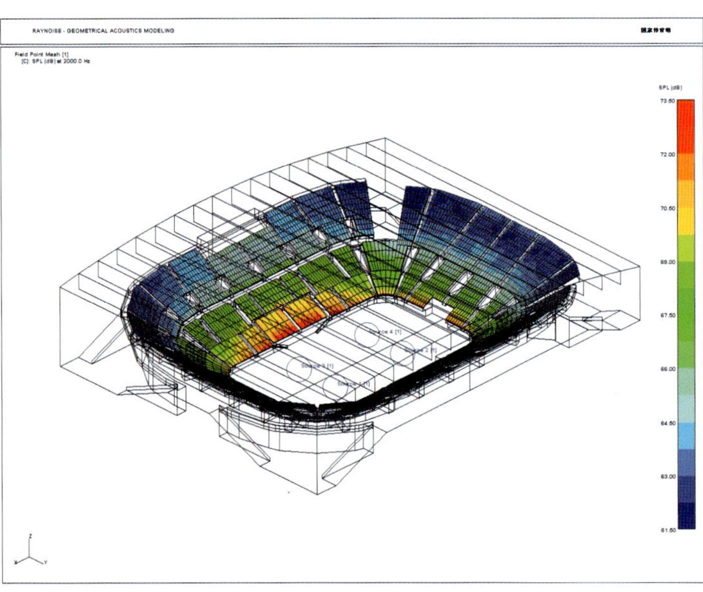

2-119 观众席的声压级分布（建声，2000Hz）

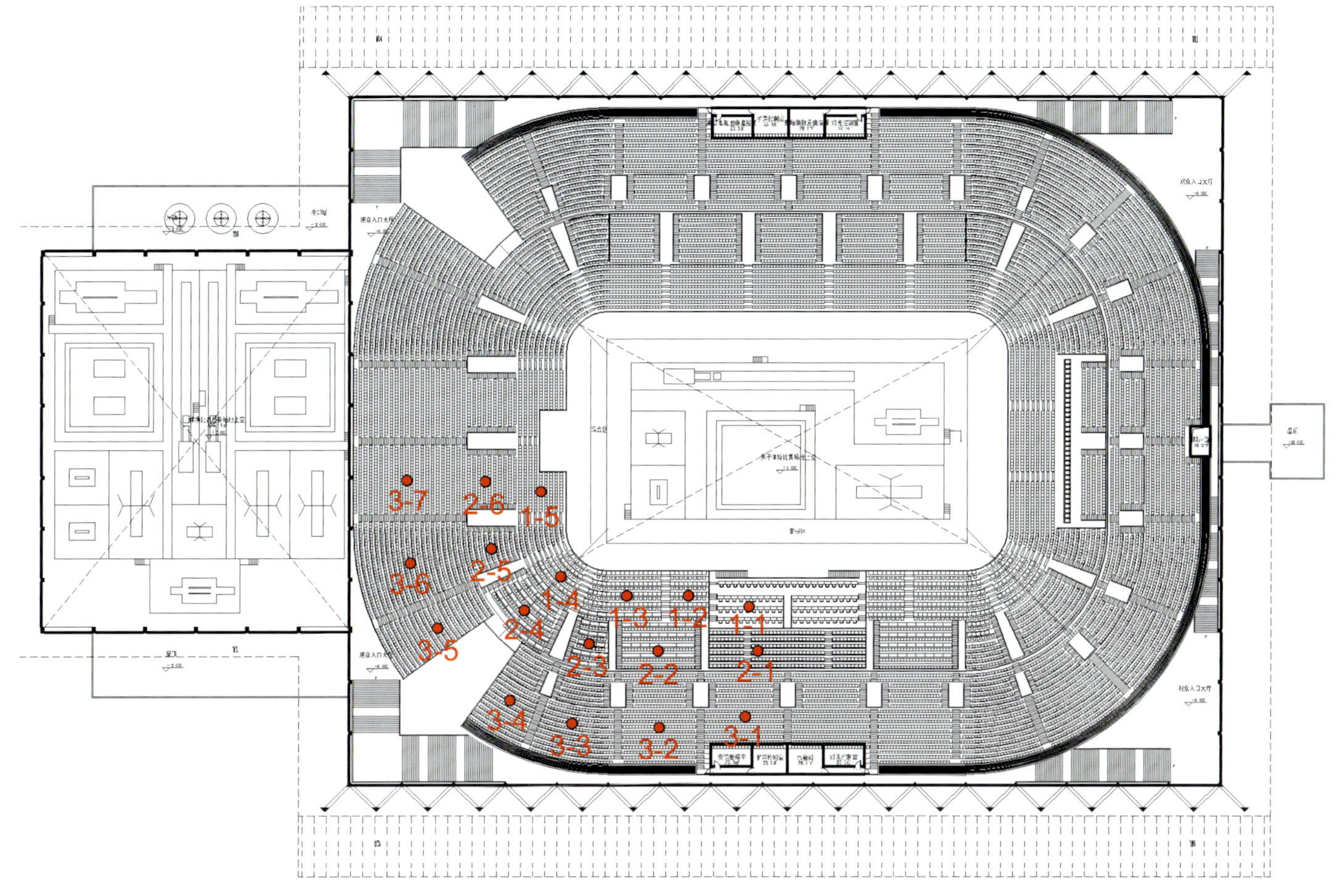

2-120 脉冲响应接收点的位置示意

脉冲响应结果如图2-121～图2-126所示。从图中可以看出，观众席上反射声很少，主要来自比赛场地周围矮墙及顶棚，由于这些部位都做了吸声处理，尤其是顶棚做了强吸声，因此这些反射声都很弱，不会形成回声干扰。反射声既少且弱，这样就为电声提供了有利条件。

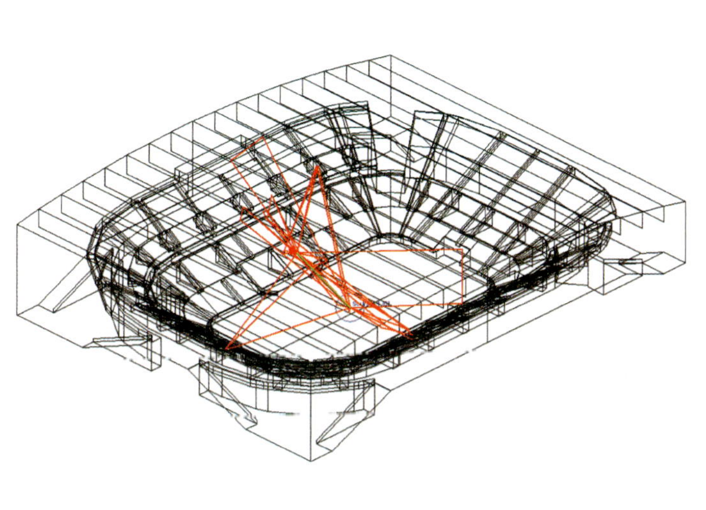

前次反射声路径

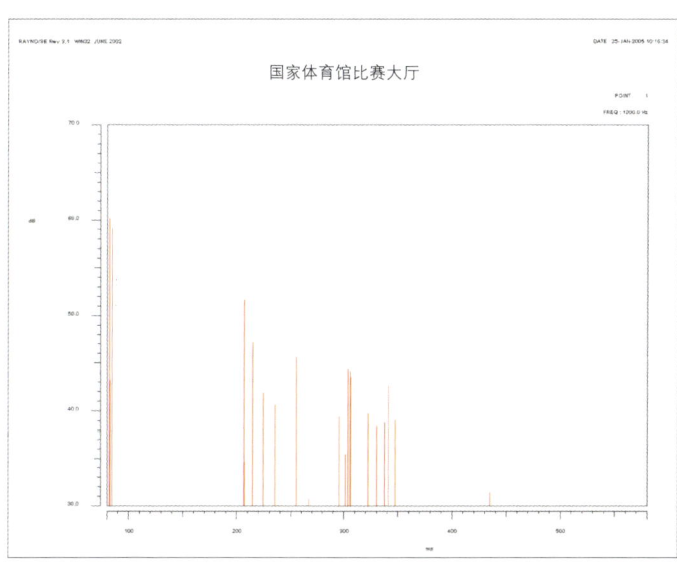

反射声序列图

2-121 1-1点脉冲响应测试结果

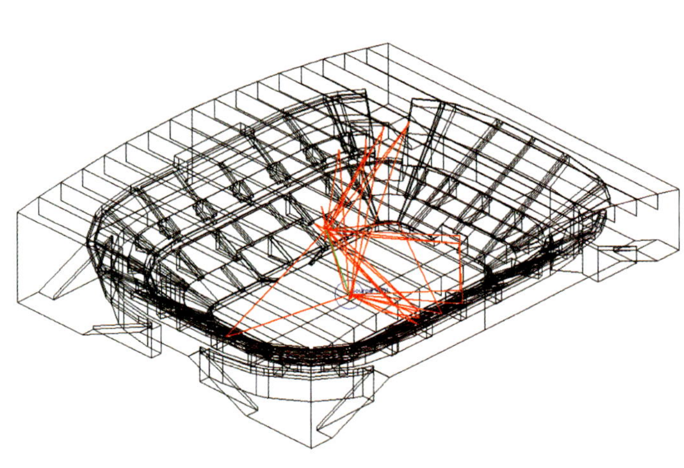

前次反射声路径

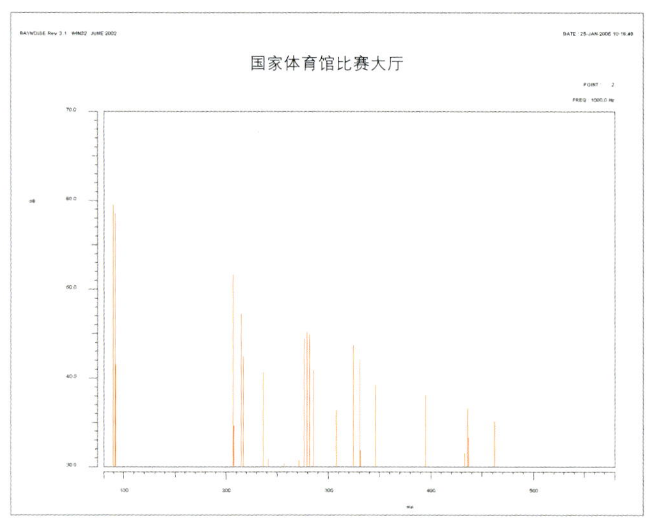

反射声序列图

2-122 1-2点脉冲响应测试结果

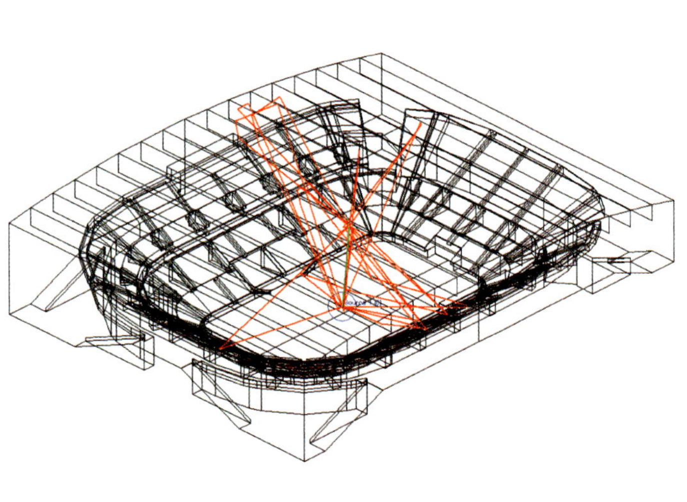

前次反射声路径

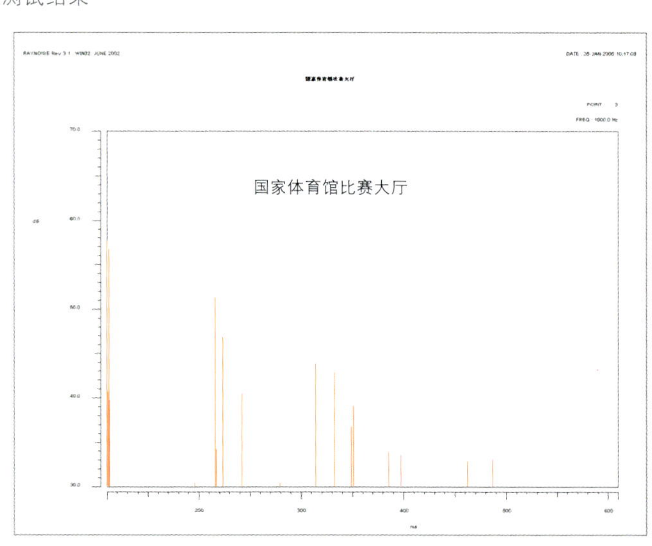

反射声序列图

2-123 1-3点脉冲响应测试结果

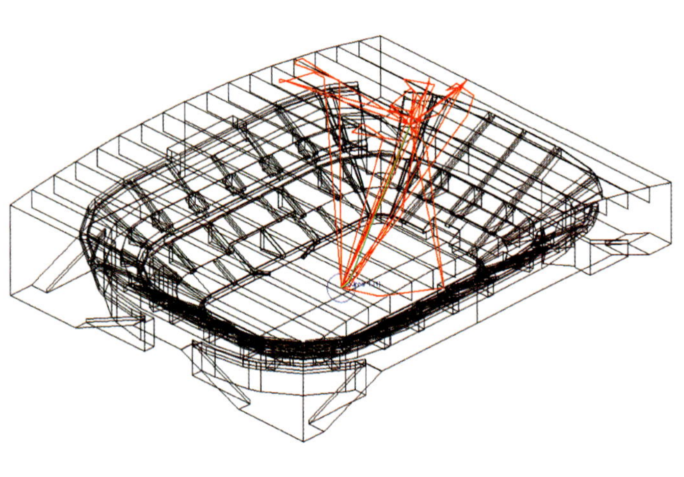

前次反射声路径

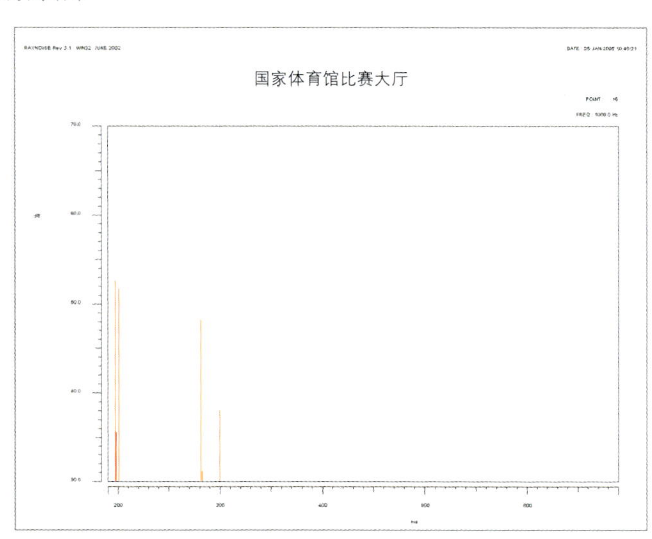

反射声序列图

图2-124 1-4点脉冲响应测试结果

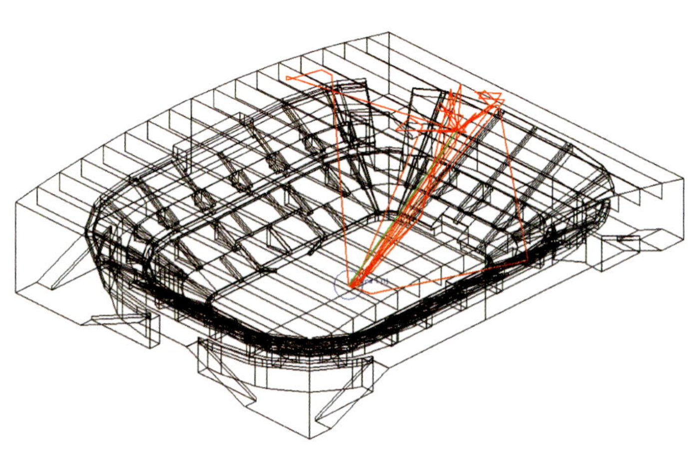

前次反射声路径

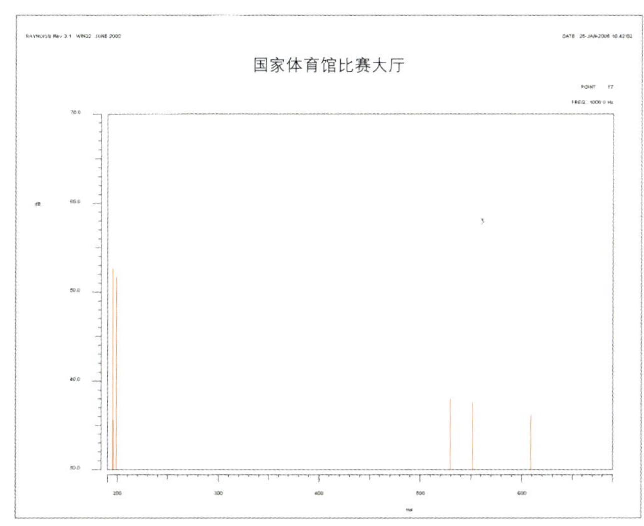

反射声序列图

2-125 3-6点脉冲响应测试结果

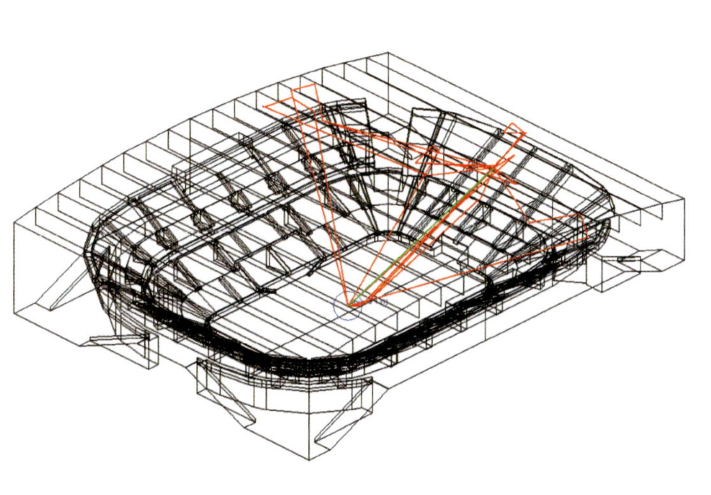

前次反射声路径

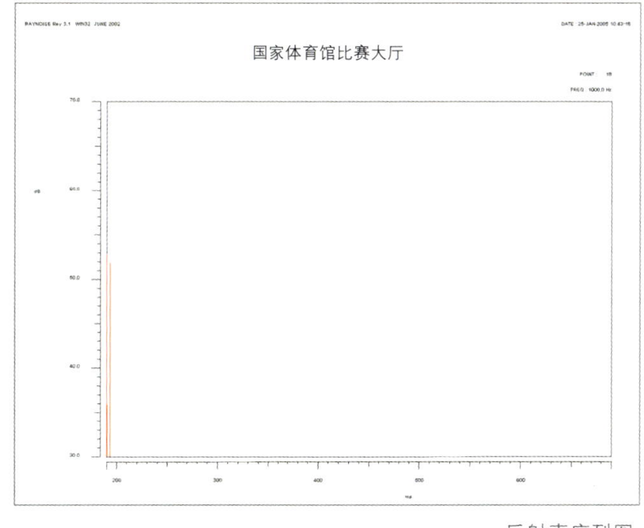

反射声序列图

2-126 3-7点脉冲响应测试结果

4.电声模拟结果

比赛大厅的建声设计为电声提供了非常有利的条件。在电声条件下的观众席声压级分布如图2–127～图2–129所示，语言传输指数STI如图2–130～图2–132所示。从图中可以看出，电声条件下观众席声压级分布很均匀，且大部分坐席的STI值在0.60以上，很好地满足了声学设计的要求。

五、噪声控制

国家体育馆的噪声控制包括围护结构的隔声与空调系统的消声和隔振两部分。

1.围护结构的隔声

- 屋顶：采用吸声、保温、隔声的复合结构屋顶的隔声量根据计算可达48dB，满足隔声要求。
- 外围护结构：隔声性能一般在32～40dB左右。

2.空调系统的消声和减振

- 空调系统的消声和减振目前正进行中，有待系统再作进一步处理。但对空调系统有如下要求：
- 在空调管道系统中必须配置足够消声量的消声器；
- 消声器的净通道面积应不小于管道面积；
- 消声器应安装在机房和使用房间或地面送风静压箱之间，而不应安装在空调机房内。
- 空调系统的风速应满足下列条件：

  主风道风速： 小于8.0m/s

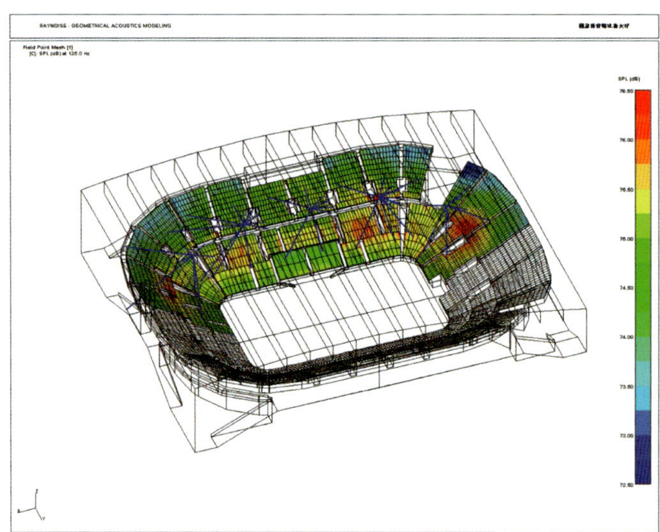

2-127 观众席的声压级分布（电声，125Hz）

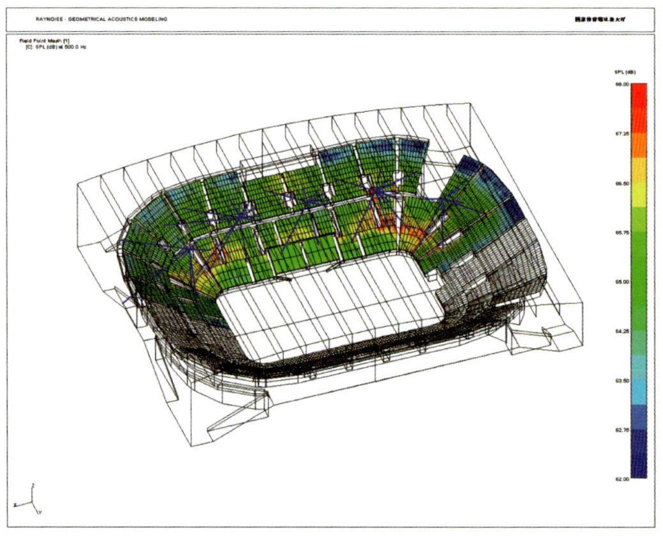

2-128 观众席的声压级分布（电声，500Hz）

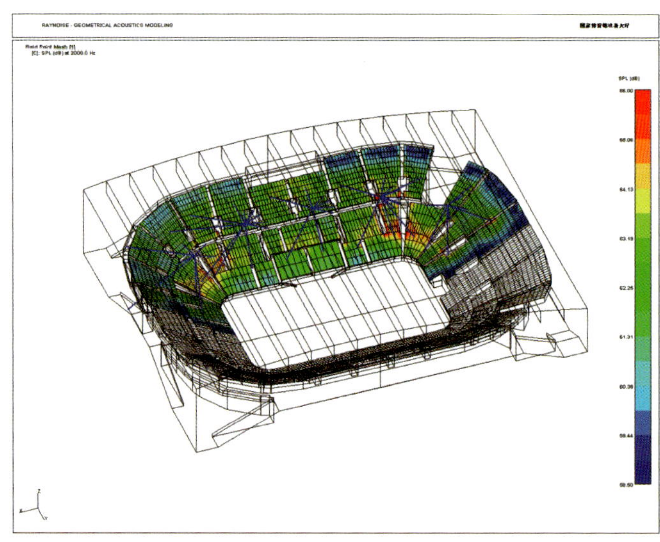

2-129 观众席的声压级分布（电声，2000Hz）

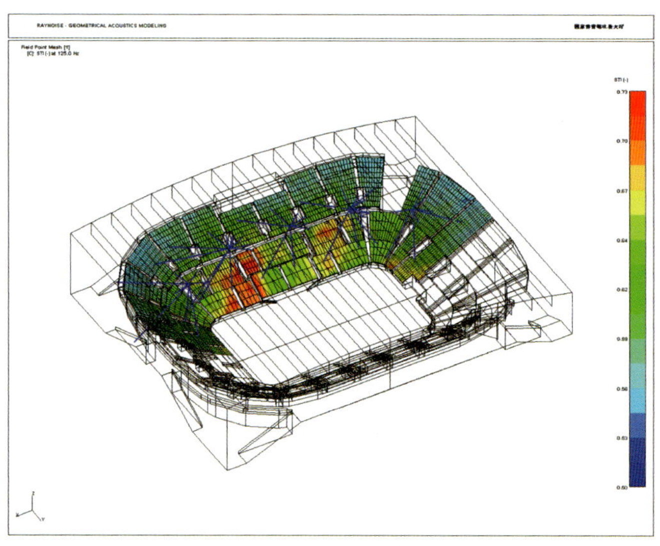

2-130 观众席的语言传输指数STI分布（电声，125Hz）

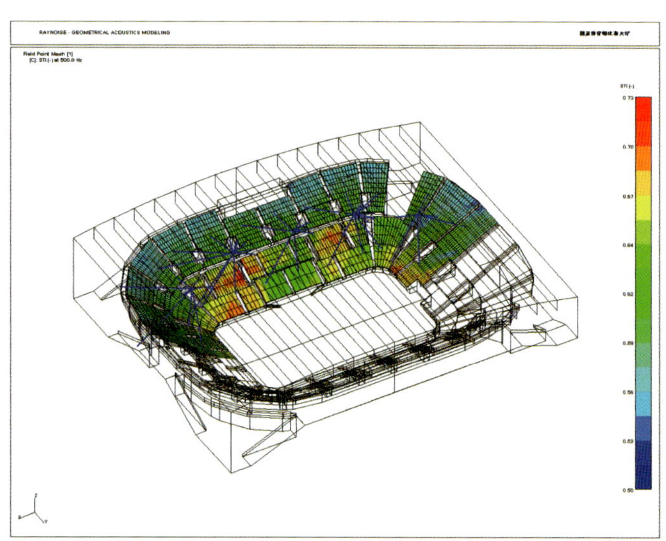

2-131 观众席的语言传输指数STI分布（电声，500Hz）

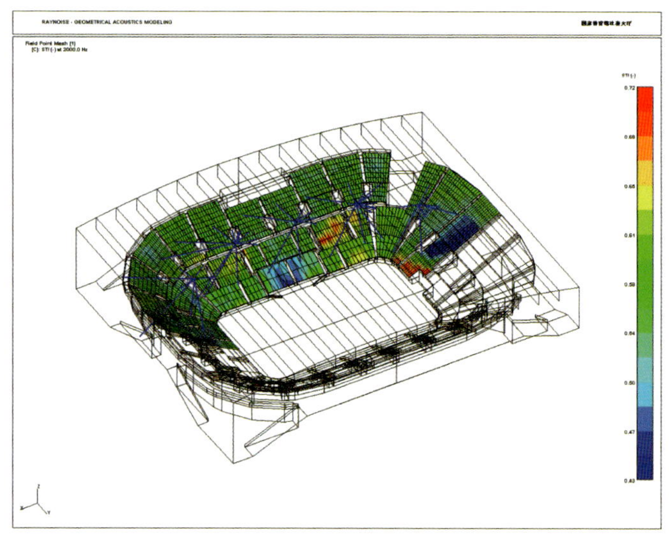

2-132 观众席的语言传输指数STI分布（电声，2000Hz）

支风道风速：　小于5.5m/s

比赛大厅风速：　小于4.0m/s

一般风口风速：　小于3.0m/s

- 空调机组和水泵的设备应该进行专门的隔振处理，不能仅靠设备出厂时提供的简单隔振，理想的做法是将设备安装一个混凝土质量块上，然后再根据设备的重量、转速等参数配置弹簧或橡胶隔振器。

3.室内通风系统的消声和隔振

比赛大厅内的通风机对比赛大厅的背景噪声将有很大的影响，所以必须进行隔声、消声和隔振处理，具体方案应由设备专业、结构专业、建筑专业和声学专业的设计人员共同协商解决。

第十一节 消防性能化设计

一、性能化消防设计的主要问题

2004年12月，国家体育馆的最终优化设计方案完成，与原方案相比，造型、外壳以及结构形式发生了较大的变化。但其方案中仍有几个现行规范不能完全涵盖的消防问题，需要做性能化消防设计。

(1) 比赛大厅与观众休息大厅相连通形成大型空间，热身馆与该大型空间未采用防火墙分隔，防火分区面积巨大，需对场内人员的疏散安全性进行性能化分析与评估。希望应用性能化消防安全分析方法对大空间烟气控制系统进行优化，并通过合理设置疏散路径将体育馆全体人员疏散的行动时间尽量缩短。

(2) 需借助于性能化评估方法，预测观众大厅及包厢（包厢内部不设排烟系统）发生火灾后建筑的安全性。

(3) 屋顶采用的预应力索杆结构体系，很难采用常规的防火保护措施。希望通过性能化消防安全分析确定屋顶钢结构是否需要进行防火保护。

(4) 比赛大厅、观众休息厅、热身馆等处灭火措施的选择。

二、性能化消防设计解决方案

（一）设计目标

1.总体设计目标

(1) 保障人员的生命安全

(2) 保护财产安全

(3) 保护消防队员的安全

2.设计指标

(1) 疏散时间控制

《体育建筑设计规范》和《建筑设计防火规范》中提出，对于5 000～20 000座的体育馆人员疏散到观众厅的时间不超过4min；对于80 000座的体育场人员疏散到观众厅时间控制在8min。

国家体育馆看台区和观众厅疏散宽度按照规范要求进行设计，但是由于看台、场地和观众休息厅处在同一大空间内，人员到达建筑物外安全地点的疏散距离较长（最远距离为124.9m）。上层看台人员还要穿越四层观众休息厅和楼梯及二层观众休息厅才能到达建筑物外安全地点。因此本项目中应重点控制看台人员疏散到建筑物外安全地点的时间。参考规范和国外资料中提出的数据，拟定正常情况下体育馆内人员疏散到建筑物外的行动时间不超过8min。

(2) 性能指标

建筑的排烟系统应能够将烟气控制在人员活动区域以上的高度；在建筑内部发生火灾，不应产生火灾蔓延的现象；体育馆钢结构应保证结构的安全性能，火灾后一定时间内不能垮塌。

为了保证人员安全疏散，在本报告中将采用以下的性能指标：

① 如果烟层下降到距离人员活动地板高度2m以下，烟层的温度不应超过 60℃；

② 距离人员活动地面高度 2m以下的烟气能见度不小于10.0m；

③ 距离人员活动地面高度 2m以下的烟气CO浓度不大于500ppm。

为了保证钢结构屋顶的消防安全性将采用以下的性能指标：屋顶钢结构的温度不超过200℃。

（二）设计方案

国家体育馆的比赛大厅与热身馆各自独立排烟，其间的分隔墙将两个功能区完全隔开。该隔墙在火灾烟气作用下，应具有隔断烟气的能力。如果比赛大厅场中间发生火灾、观众休息厅发生火灾、包厢发生火灾，当烟气蔓延到大空间时，均采用设置在屋顶处的机械排烟系统排烟。热身馆也设有机械排烟系统。比赛大厅设置水炮灭火系统。热身馆根据分析结果确定是否采用自动灭火系统。

13.00m标高层包厢面向走廊一侧，采用乙级防火门及1小时耐火极限的墙体分隔。包厢内设置自动喷水灭火系统，火灾自动报警系统，包厢之间的墙体的耐火极限不低于1小时。包厢在面向比赛大厅一侧采用普通玻璃分隔，因此包厢发生火灾后烟气会流向比赛大厅。

场内人员在出口不被封堵情况下，体育馆内人员疏散到建筑物外的行动时间不超过8min。

国家体育馆屋顶钢结构通过性能化分析确定是否采用防火保护，对于场馆其他区域的钢结构均应参照现行规范的要求进行防火保护。

（三）分析方法与工具

本次评估工作选择在国际火灾科学和消防工程学界广泛承认、且具有较高可信度的分析工具或分析方法进行性能化设计。

1.排烟量的分析计算

国家体育馆烟气控制系统的初步设计依据NFPA92B以及《民用建筑防排烟技术规程》提供的相关烟气计算公式进行预测。

2.疏散时间（RSET）预测

人员疏散到安全地点所需要的时间应小于通过判断火场人员疏散耐受条件得出的危险来临时间，并且考虑到一定的安全裕度，则可认为人员疏散是安全的，疏散设计合理。反之则认为不安全，需要改进设计。

即：

$$RSET < ASET \qquad \text{（式-1）}$$

其中：

RSET：疏散时间（s），指建筑内需要进行疏散的全体人员从火灾明燃开始到疏散至安全场所的时间；

ASET：危险到来时间（s），表示火场中的烟和热的影响直接作用于人，达到人体耐受条件的时间。超过此时间，火场内的条件便会对人员疏散构成危险。

疏散时间（RSET）包括疏散开始时间（tstart）和疏散行动时间（taction）两部分。疏散时间预测将采用以下方法：

$$RSET = tstart + taction \qquad \text{（式-2）}$$

3.危险到来时间（ASET）的预测

危险到来时间的预测，需要分析在所设计的防排烟系统作用下，火灾产生的热烟气在建筑空间内的运动特性。本项目采用FDS 4场模型进行火灾烟气运动预测分析。

FDS（Fire Dynamics Simulator）是NIST（美国国家标准与技术研究院）开发的一种燃烧过程中流体流动的CFD模型，主要用于分析火灾中烟气与热的运动过程。

4.钢结构屋顶的安全分析

通过CFD模拟可以验证烟气控制系统的控制效果，考察火灾烟气对人员疏散的影响；另一方面也可计算结构表面的温度，考察火灾对结构的影响。此外采用NFPA92B的计算方法，计算火灾产生的烟羽流的平均温度和中线温度，分析热烟气对屋顶钢结构的影响，以进行结构承载力分析。在结构计算中应该考虑钢的强度、弹性模量降低以及热膨胀对于结构的作用，验证结构的安全性。结构力学评估应着重建筑结构体系的分析。

三、火灾场景设计

（一）火灾危险性分析

1.比赛大厅的火灾危险性

国家体育馆在奥运赛时主要功能为奥运会体操、手球等比赛。赛后功能主要包括：高级别体育赛事、大型演出活动、展示活动、全民健身等。因此，在比赛场地中心，赛时可燃物主要为比赛用的器材，火灾发生的可能性及危险性较小；赛后举行大型演出活动时，舞台布景，演出设备较多，再加上演出时的灯光焰火的使用，火灾危险性较大。

三层平面的赞助商包厢，由于功能需要，包厢内部会设有沙发、桌椅等家具。因此包厢内部设有火灾报警系统，自动喷水灭火系统，但不设置独立排烟系统。在面向观众休息厅（即走廊一侧）设置了防火隔墙、防火门阻止火灾烟气蔓延，面向比赛大厅一侧采用普通玻璃隔断将包厢与场地隔开，当包厢内发生火灾时，玻璃隔断一侧将首先受热破裂，火灾烟气将会由包厢蔓延至比赛场地。

二层6.00m标高观众休息厅可通过观众出入口直接与室外疏散广场相连。该层四个角部设有临时商业设施，为池座观众服务。但在角部位置同时设有连通一层与四层观众休息平台的开敞大楼梯，因此，在上述位置发生火灾时会影响开敞楼梯的使用，进而影响到上层观众的疏散。临时商业的可燃物可能是商品、售货车或简易的桌椅等。

由于最高层的看台距离屋顶钢结构的距离较近，因此会考虑最高的座椅区的火灾。由于现代体育馆使用的座椅都是难燃材料制作的，并且每次使用之后会及时清除座位下面的垃圾，因此可能发生的火灾规模不会很大。

火灾场景设置　表2—1

火灾场景	位置	火灾规模	火灾增长速度	分析目标
1	火灾发生比赛场地中心	5MW	快速火	排烟及结构耐火分析
2	火灾发生包厢（纵轴N～横轴17）	1.5MW	快速火	排烟及结构耐火分析
3	火灾发生在6m标高的休息大厅位置	3.6MW	快速火	排烟及结构耐火分析
4	热身场地	5MW（水炮控制）	稳态火	排烟及结构耐火分析
5	热身场地	10MW	稳态火	排烟及结构耐火分析
6	火灾发生最高座椅区	2MW	稳态火	结构耐火分析

2 热身馆的火灾危险性

热身馆在奥运会比赛期间比赛区本身不会有很大的火灾隐患，但在赛后利用时，由于有可能举办展示活动，或者是小型演出，因此具有一定的火灾危险性。热身馆属于大空间，设置了机械排烟系统。

（二）火灾场景设置

对于比赛场地中心的舞台火灾，为了验证钢结构屋顶的安全性，将火灾场景1的火灾规模扩大一倍，用来分析火灾对结构的影响。此外在热身场地临时看台顶部考虑2MW的火灾规模。

四、人员疏散安全性分析

（一）疏散策略

针对不同区域人员的疏散策略如下：

（1）楼座看台观众通过看台纵走道和看台出口首先疏散到四层休息大厅，再从休息大厅利用6部开敞式楼梯（楼梯18～23）向二层休息大厅疏散，然后通过位于二层休息大厅东、南、西侧的对外出口疏散到建筑物外安全地点。

（2）池座看台观众通过看台纵走道和看台出口首先疏散到二层休息大厅，然后通过位于二层休息大厅东、南、西侧的对外出口疏散到建筑物外安全地点。

（3）三层包厢、包厢看台及餐厅人员首先疏散进入核心筒内楼梯间（楼梯1～6、楼梯8、楼梯9、楼梯10）到达二层休息大厅，然后通过位于二层休息大厅东、南、西侧的对外出口疏散到建筑物外安全地点。或者利用赞助商出入口楼梯（楼梯13）直接疏散到+6.00m标高的建筑物外。

（4）体育馆场地内（场芯）人员通过四条场地进出通道和检录通道向首层功能房间区域内疏散，再借用首层功能房间区域的疏散出口进一步疏散到建筑物外安全地点。

（5）首层功能房间区域通过防火隔墙和防火门与体育馆大空间做到完全防火分隔，且首层功能房间区域内设有独立的对外出口。当体育馆大空间发生火灾时，首层功能房间区域可以认为是相对安全地点。而比赛场地内人员疏散时需要首先疏散到首层功能房间区域，再借助功能房间区域的对外出口疏散到建筑物外安全地点。因此需要分析体育馆大空间内人员疏散时对首层功能房间区域的影响，并做整体考虑。首层人员可以通过位于首层东、西侧的对外出口疏散到建筑物外安全地点；也可以首先进入核心筒内的楼梯间（楼梯1～10）到达二层休息大厅，然后通过位于二层休息大厅东、南、西侧的对外出口疏散到建筑物外安全地点。

（6）地下一层（赛时未利用，赛后作为机房和停车库）人员疏散时首先进入核心筒内的楼梯间（楼梯1～10），到达+6.00m高的二层休息大厅，然后通过位于二层休息大厅东、南、西侧的对外出口疏散到建筑物外安全地点；也可以到达0.00m高的首层功能房间区域，再借用首层功能房间区域的疏散出口进一步疏散到建筑物外安全地点。或者利用位于地下一层四角的楼梯（楼梯11～15）直接疏散到建筑物外。

（7）首层热身馆与体育馆主体进行完全的防烟分隔并设置独立的对外出口，人员可通过位于热身馆东、西两侧的出口直接疏散到建筑物外安全地点。

在大空间内发生火灾时，需要组织疏散的人员包括，体育馆看台区人员，场地内人员，三层包厢、餐厅人员，二层、四层休息大厅内人员。对于体育馆其他区域的人员也应考虑其同时进行疏散，并应分析不同区域人员疏散时可能产生的相互影响，做整体考虑，分析疏散设施设计的合理性以及达到安全水平。

因此，针对人员疏散将以体育馆全体人员疏散为对象，分奥运赛时和奥运赛后两种模式考虑。

（二）疏散分析模型

采用STEPS疏散模拟软件对国家体育馆人员疏散行动时间进行分析。STEPS疏散模拟软件专门用于分析建筑物中人员在正常及紧急状态下的人员疏散状况。适用建筑物包括大型综合商场，办公大楼，体育馆，地铁站等等。

1.疏散计算模型

2.疏散人数确定

体育馆按照使用功能和要求区别分为赛时和赛后两种模式，由此导致体育馆功能区域和疏散人数在赛时和赛后存在一定差异。在性能化分析时，将通过分析比较选择两种模式中疏散人数相对多，所处位置相对不利的情况进行人员疏散安全性分析，达到即使在最不利的情况下，也能够保证人员疏散安全的目标。

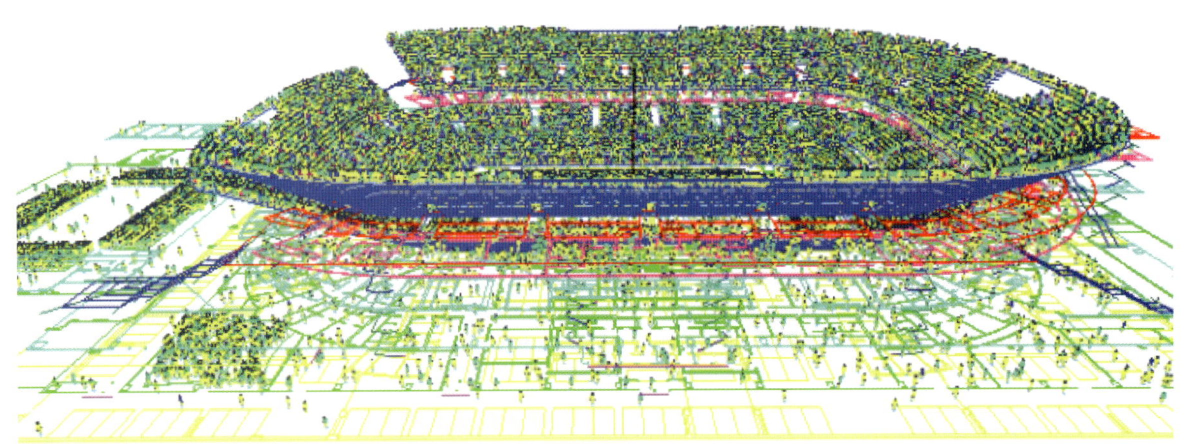

2-133 建筑模型外观（赛后人员满负荷）

2-134 建筑模型外观（赛时人员满负荷）

对于体育馆看台区域观众，媒体记者，贵宾等的疏散人数统计，将根据赛时和赛后模式看台座位数确定。

（三）疏散时间（RSET）统计

利用公式-2计算得出中庭人员疏散所必需的疏散时间（RSET）。

五、烟气控制分析计算

（一）参数设置

1.排烟参数

（1）比赛大厅发生火灾时所需排烟量

计算比赛大厅排烟量，烟层应保持的清晰高度（与表中储烟舱烟气厚度有关）设定为距看台区最高点2m处，即27m。

初步设计排烟量为800000 m^3/h，排烟口24个，最小总补风面积110 m^2，实际开启面积可根据施工、投资情况进行调整，但不应小于此值。

（2）包厢层发生火灾时所需排烟量

包厢层位于比赛大厅池座及楼座看台区之间，包厢发生火灾时，溢出到比赛大厅的烟气借用比赛大厅顶部排烟口排出，初步设计排烟量为800000 m^3/h。

（3）休息大厅发生火灾时所需排烟量

由于二层的休息大厅与比赛大厅为连通空间，此处的排烟策略为借用比赛大厅顶部排烟风机进行排烟。计算得到其所需排烟量约为460000m^3/h，鉴于比赛大厅顶部总排烟量为800000m^3/h，在后边的验证分析中，选取了两种方案进行模拟，以确定最终的排烟量及排烟方式。

疏散时间（RSET）计算　　表2-2

疏散模拟场景	楼层	疏散开始时间(s)	疏散行动时间(s)	RSET	1.5*RSET (s)（安全余量系数=1.5）(s)
场景1.1	楼座看台人员到达四层休息厅	180	275	455	683
	池座看台人员到达二层休息厅	180	235	415	623
	北侧池座看台人员到达二层休息厅	180	295	475	713
	热身馆人员疏散到室外	180	175	355	533
	全楼人员疏散到建筑物外	180	460	640	960
场景1.2	楼座看台人员到达四层休息厅	180	270	450	675
	池座看台人员到达二层休息厅	180	225	405	608
	北侧池座看台人员到达二层休息厅	180	295	475	713
	热身馆人员疏散到室外	180	110	290	435
	全楼人员疏散到建筑物外	180	460	640	960
场景2	楼座看台人员到达四层休息厅	180	330	510	765
	池座看台人员到达二层休息厅	180	230	410	615
	北侧池座看台人员到达二层休息厅	180	295	475	713
	热身馆人员疏散到室外	180	175	355	533
	全楼人员疏散到建筑物外	180	450	630	945
场景3	楼座看台人员到达四层休息厅	180	480	660	990
	池座看台人员到达二层休息厅	180	230	410	615
	北侧池座看台人员到达二层休息厅	180	295	475	713
	热身馆人员疏散到室外	180	175	355	533
	全楼人员疏散到建筑物外	180	730	910	1365

2.模型参数

（1）建筑结构的构建

从建筑本身的整体尺寸考虑，国家体育馆火灾模拟的几何模型包括了一层到四层的休息大厅、开敞楼梯、观众看台等，针对发生在不同位置的火灾场景，构建的几何模型略有不同。对发生在比赛大厅及休息大厅的火灾场景进行模拟时，几何模型中建筑构造如图2-135所示：

（2）排烟口的建立

排烟口的设置如图2-136所示：

- 整个比赛场馆顶部共设有排烟口24个，东西两侧各均布12个。

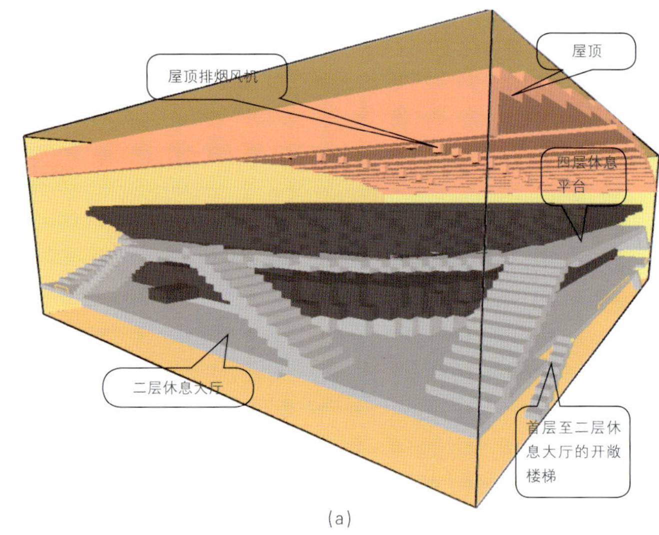

(a)

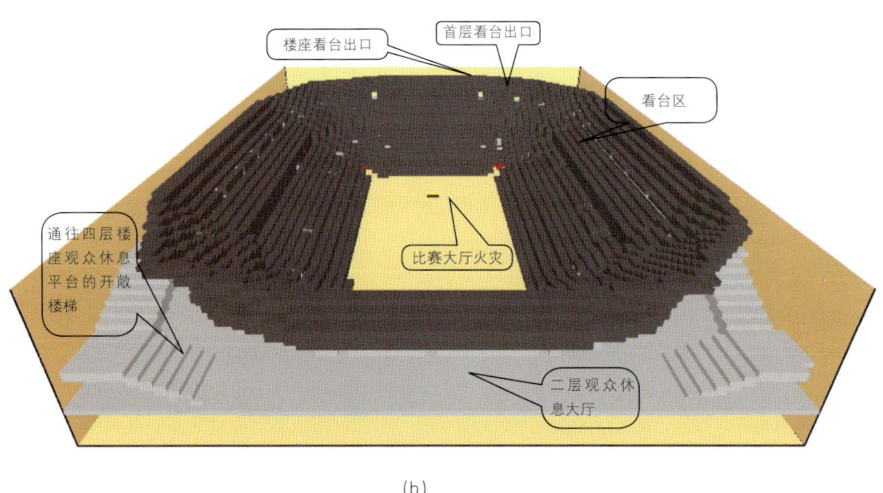

(b)

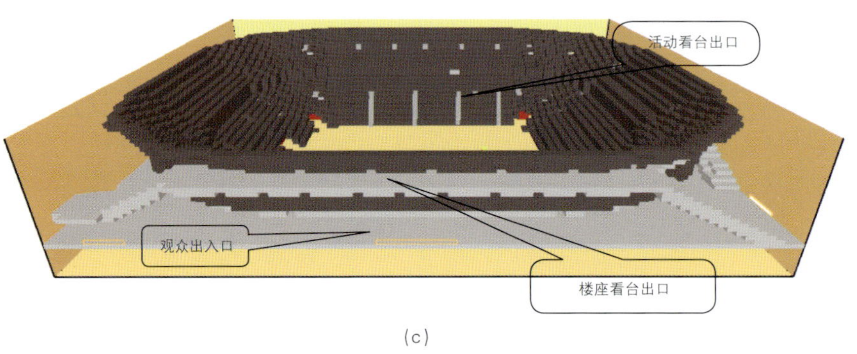

(c)

2-135 模型视图

● 排烟口均位于顶棚下3m处，尺寸为2m×2m，设定流量为9.25m³/s，风机延迟启动时间30s。

2-136 排烟口位置示意图

（二）小结

通过对火灾场景1、火灾场景2、火灾场景3的烟气计算及烟气控制系统模拟，烟气层不会下降到人员停留区域；30分钟之内，影响人员疏散的烟气层不会下降到人员停留区域。排烟量及排烟系统设置合理。

六、屋顶钢结构的防火安全评估

（一）结构消防评估程序

分析程序如下：

（1）设计火灾场景。

（2）确定由于火灾导致的钢结构的温度。

（3）对结构进行结构承载力分析，验证结构的安全性。在结构计算中应该考虑钢的强度、弹性模量降低以及热膨胀对于结构的作用，结构力学评估应着重建筑结构体系的分析。荷载为火灾状况中的“火灾荷载”。

（二）温度计算分析

通过经验公式计算，并对顶部看台位置的座椅火灾进行了计算，结构受到的温度低于200℃。钢构件受火灾产生的高于常温（200℃）的影响很小，经计算，并不会影响结构的整体安全度，结构是安全的。在比赛馆的顶部看台局部区域采用不燃座椅，严格控制座椅火灾的发生。

需要限制火荷载的区域见下图，红色区域内的座椅应采用不燃材料制作。

七、比赛大厅与热身馆的自动灭火措施

（一）比赛大厅灭火措施

为扑灭场地内大空间火灾，比赛大厅设置数控水炮灭火设备。设计依据标准《固定消防炮灭火系统设计规范》GB50338－2003。水炮一般能及时、有效地扑灭较大规模区域性的火灾。性能化分析论证时保守的认为水炮只控制火灾规模不再增长，在水炮启动出水后，火灾保持恒定规模，不再增长。因此，排烟及结构温度的计算结果具有较大的安全裕度。

观众休息厅的临时商业设施区域，由于商业设施的临时性，且由专人管理，空间开敞，非常有利于灭火战斗。因此临时商业区采用移动灭火器，及馆内的消火栓系统灭火。该区域不设自动灭火系统。

（二）热身馆灭火措施

热身馆体积比比赛馆小很多。根据热身馆的赛后使用功能，热身馆具有一定的火灾危险性。如果不设自动灭火系统，当火灾增长类型为快速，a=0.04689 kW/s²时，火灾规模发展到10MW的时间为462s。热身馆人员到达建筑物外的疏散行动时间：赛后模式175s；赛时模式110s。因此，当火灾发展到较大规模时，热身馆的人员已经安全疏散到室外。并且由于热身馆设计了机械排烟系统，能够控制烟气的下降的时间与高度，为消防救援提供宝贵的时间与良好条件。结构计算结果表明，热身馆在10MW的火灾作用下，屋顶钢结构是安全的。因此，在热身馆可采用室内消火栓系统灭火，不必设置水炮系统。

八、结论

国家体育馆体积庞大，功能复杂，并且采用了国际上流行的比赛大厅与观众休息大厅空间连通的设计思路，因此带来了现行规范不能涵盖的一系列消防问题。通过对国家体育馆的火灾危险性分析，我们模拟计算了多个火灾场景，对相关消防问题进行了分析，得出的结论如下：

1.比赛大厅排烟方案

比赛大厅顶部设排烟口24个，排烟量共800000 m³/h。

（1）比赛场地、座椅区生火灾时，联动开启顶部所有排烟口进行排烟，总排烟量为800000 m³/h。

（2）包厢层发生火灾时，若玻璃破碎，烟气溢出包厢，联动开启顶部所有排烟口进行排烟，总排烟量为800000 m³/h。

（3）二层休息大厅临时商业区发生火灾时，联动开启火灾相应一侧（北侧或南侧）的排烟口，共12个，总排烟量为400000 m³/h。

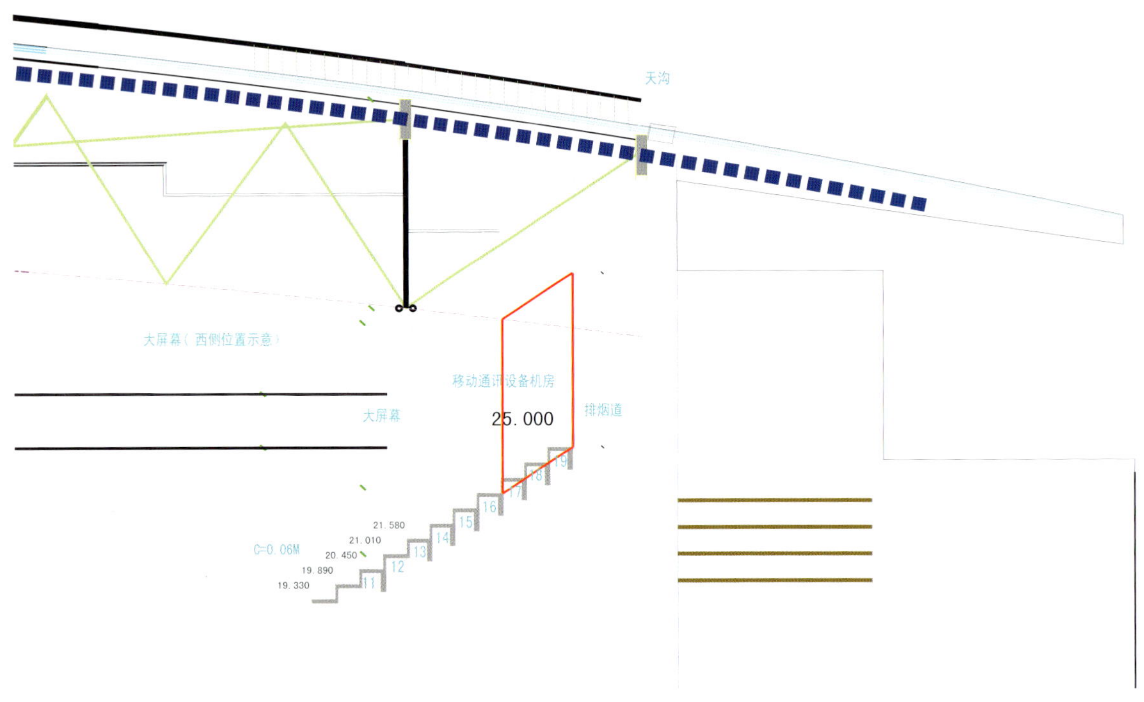

2-137 限制火荷载的区域

补风方式采用自然补风，由联动开启的观众入口处外门或电动窗实现，补风口面积不应小于110m²，且应均匀布置。

2.热身馆排烟方案

热身馆不设置水炮等自动灭火系统，当火灾规模为10MW，则需采用170000 m³/h排烟量，最小总补风面积23 m²。补风方式采用自然补风，由联动开启的观众入门或电动窗实现，补风口面积不应小于上述建议值，且应均匀布置。

3.观众休息大厅及包厢（包厢内部不设排烟系统）

在发生火灾后，烟气流向比赛大厅，屋顶排烟系统能够将烟气控制在一定范围内，满足人员疏散的要求。

4.人员安全疏散

在正常疏散状态下，体育馆人员疏散到建筑物外的行动时间控制在8min内，体育馆大空间内能够保证人员疏散安全。当发生严重火灾情况、局部疏散路径受阻，将导致疏散行动受到影响，疏散时间延迟，可能出现局部出口疏散行动时间超过8min情况，需要通过关键部位应急人员疏导和指示来减少排队时间。在现有防排烟系统有效工作情况下，人员疏散安全。

5.屋顶结构

采用索桁架结构体系，不需要进行防火保护，但应参照相应要求，在比赛馆的顶部看台局部区域采用不燃座椅。

6.消防灭火系统

比赛大厅采用水炮自动灭火系统，观众休息厅不设自动灭火系统，热身馆采用室内消火栓系统。热身馆应设置火灾报警系统。

在性能化设计建议的消防系统作用下，热身馆、比赛大厅与观众休息大厅相连通的防火分区能够达到规范要求的安全水平。

第三章 景观环境设计

第一节 用地现状

一、基地绿化状况

基地内原有树木已被完全移植或砍伐。

二、自然状况

气候：北京地区属暖温带半干旱半湿润大陆性季风气候，冬季受蒙古高压影响，盛行偏北风，天气晴朗而少雨雪；夏季受大陆热低压影响，盛行偏南风，多阴雨天气。年平均风速2～3m/s，春季风速最大，平均达3.5～4m/s。北京极端最大风速23.8m/s，风向北西。

气温：北京地区属山前平原区，年日照数2600～2800小时，年平均气温11～12℃，极端最高气温43.5℃，极端最低气温-27.4℃。

降水：市区多年平均年降水量为585mm。多年平均水面蒸发量在1200mm左右，陆面蒸发量450～500mm。

冰情：历年12、1、2月的平均气温都在0℃以下，每年出现的天数为：0～-10℃，平均为128.4天；-10～-20℃，平均为31.8天；-20℃以下，平均为0.2天；当一日的平均温度达到-5℃时，水面出现岸冰，当一日的最低温度达到-10℃时，水面出现薄冰；当一日的最低温度达到-12.5℃，水面出现冰盖；北京水面结冰厚度平均为40cm，最厚时可达45～50cm。

霜期：平均无霜期176.8天；平均霜日数188.2天；平均初霜日10月12日；平均终霜日4月17日；初霜最早期9月25日；终霜最晚期5月16日。

三、场地交通

场地内分为车行及人行两种系统，其中车行进入场地内部主要依靠南北两个车行坡道，北侧连接中一路，西侧连接景观西路。人行有四个主要出入口，北侧通过广场进入首层，东侧，南侧和西侧直接进入主体二层，消防通道通过南侧广场，东侧平台，东侧坡道与首层下沉通道相连，再由南北坡道连接市政路。

第二节 规划设计理念

由于整个体育馆比市政路面略高，形成了一个无形的台地，在景观设计上，我们以此为出发点，以衬托主体建筑为原则，提出了三条设计理念：

（1）力量——硬质铺装的互相交融，勾勒出充满力量的线条。

（2）简约——最简洁的设计语言，功能与艺术的双重体现，与主建筑相得益障。

（3）质朴——更加贴近使用者的材质，整齐而又自然。

我们希望通过铺装、草坪等最基本的要素，勾勒出体育馆的整体设计性格，使环境与建筑主体形成一个有机的整体，相互融合渗透。

3-1 西侧下沉广场

3-2 北侧下沉广场

3-3 东北侧下沉广场

3-4 东入口俯看下沉广场

3-5 下沉广场

3-6 东侧下沉广场

3-7 广场与建筑主体间的灰空间

3-8 西南角棚平百叶

3-9 北侧下沉广场

3-10 北部下沉广场

3-11 热身馆西北角入口

第三节 总体规划

一、场地设计

国家体育馆首层比市政路低了3m多，而二层则比市政路高了3m多，从而整个场地形成了外有台阶、坡地，内有下沉空间的格局。也正是因为有了这样错落有致的空间，才使得景观设计上更加变化丰富。人们在建筑的外围，看到的是抬高的主体建筑、大面积的缓坡草坪，以及颇具气势的入口大台阶、坡地广场和树阵。而当人们靠近建筑主体时，又会感受到下沉空间所带来的细致体验。

二、功能分区

国家体育馆景观环境主要分为三个区域。

入口广场区：主要是指南北两侧的入口树阵广场，这也是体育馆外围的主要集散空间，同时也是主体的主要出入口之一，北侧广场为北高南低，南侧直接与主体首层下沉空间相连，南侧广场同样为北高南低，但不同的是，南侧广场北与主体二层相连，南与成府路相接。

东西侧入口区：主要指东西两侧的主要出入口，东侧入口为体育馆赛时主要入口，通过大台阶与景观路相接，而南北两侧为大面积的缓坡草坪，简洁、大方。西侧为次要入口，

3-12 景观设计效果图之一

3-13 景观设计效果图之二

3-14 景观设计效果图之三

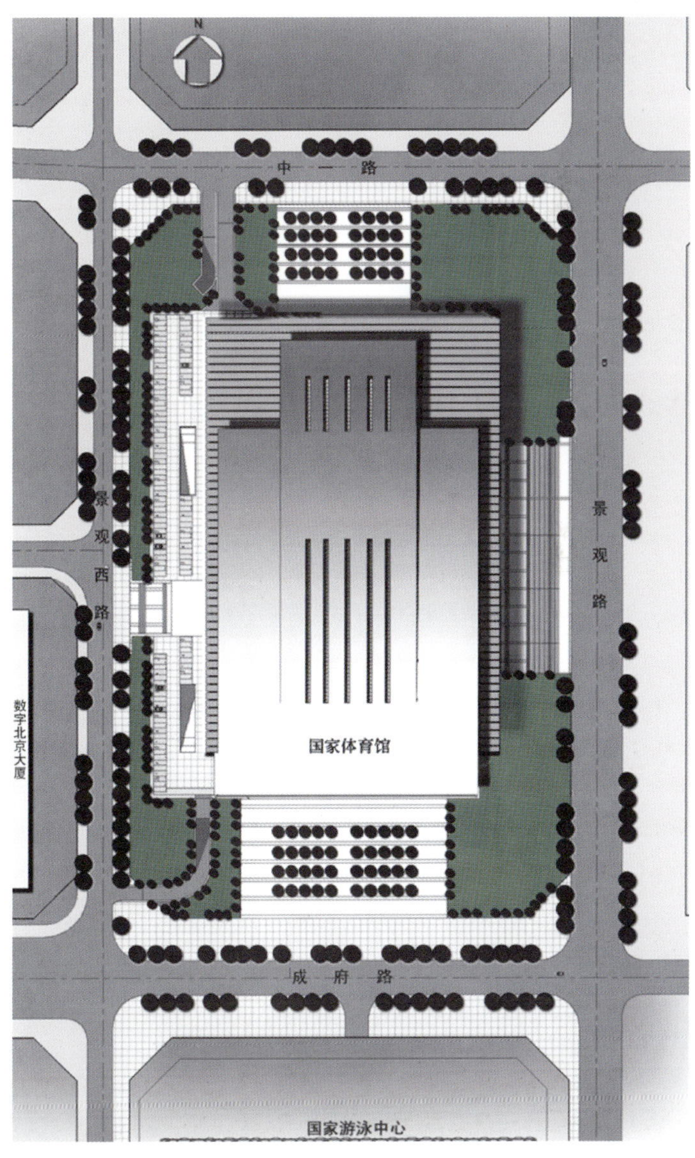

3-15 景观配置图

3-16 下沉广场及地下车库入口

同样也是缓坡草地映衬，更加衬托出主体建筑的恢宏气势。

下沉空间区：下沉空间是因为主体首层与市政路之间的高差而形成的，它环绕整个体育馆周围，其主要作用为交通、停车、疏散和休息使用。这一区域在赛后将形成娱乐、休闲空间。

三、硬质铺装设计

国家体育馆环境设计中，主要采用了两种硬质铺装，一种为深灰色花岗石，这种材质为主要铺装材质，为了能和体育馆主体的灰色调统一协调，石材的尺寸采用的是1000mm×500mm的模数，整齐划一、简洁大方、便于排列，同时也可和体育馆的建筑轴线关系呼应。

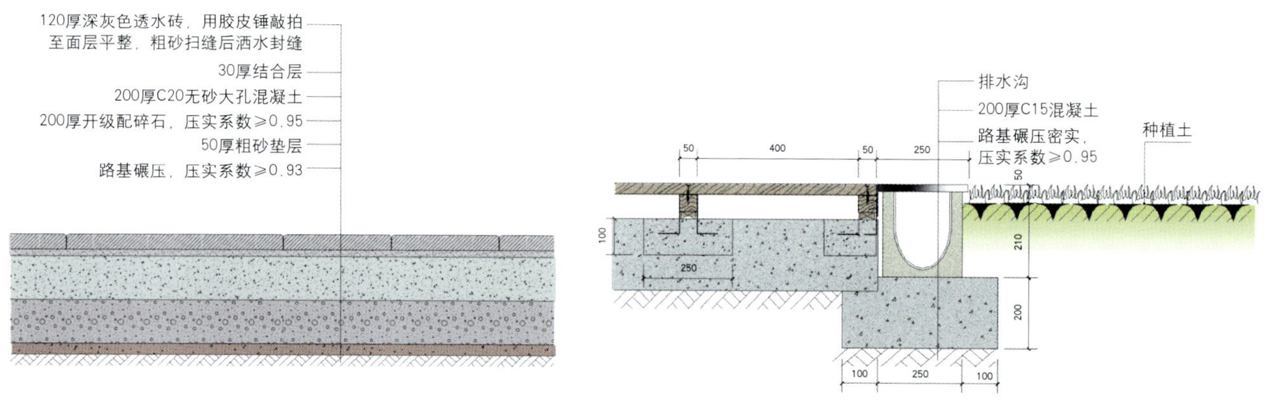

3-17 硬质景观铺装构造图之一

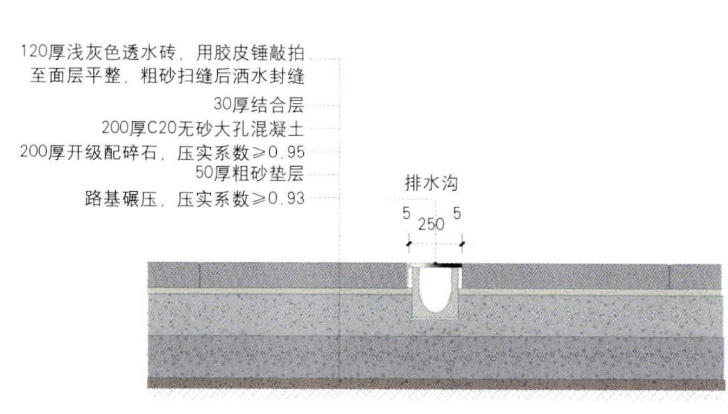

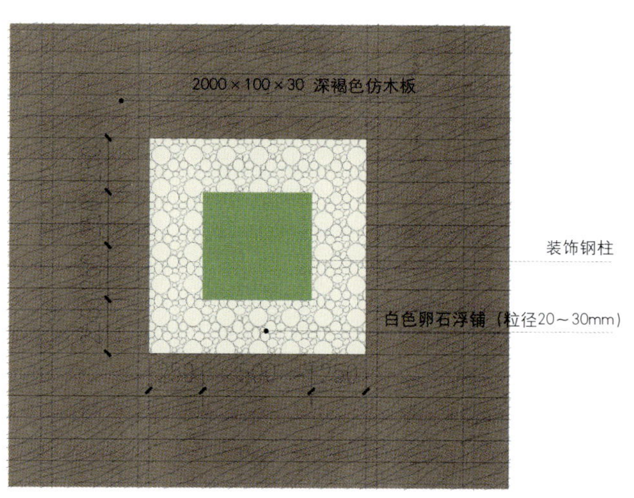

3-18 硬质景观铺装构造图之二

另一种为风基砂透水砖铺装。

这种铺装充分体现了奥运三大理念，环保、透水、纯净，与石材相得益彰。主要铺设在南北两侧的树阵广场中，使得广场景观整体中又见变化。同时，为了充分地进行雨水回收利用，并且彰显环境的精致性，我们在室外选用了不锈钢雨水回收箅子，这种构件加工精致，与以往的雨水回收构件大不相同。

同时，这种构件由于体积、面积较小，可以和不同的地面做法相交，而形成不同的景观效果。

此外，在下沉空间东侧，我们还采用了少量的仿木铺装，既环保，又能使得下沉空间增添几分休闲气息。仿木铺装与各种节点的结合都非常得体、到位。

国家体育馆是奥运会及残奥会的举办场所，因此，无障碍设计在这里就显得尤为重要，我们在设计中充分考虑了残疾人及盲人的步行需求，在东西两侧的主要入口设置了残疾人坡道，采用精致的不锈钢扶手，不但满足了功能需求，又可以与景观良好地结合。

3-19 不锈钢扶手

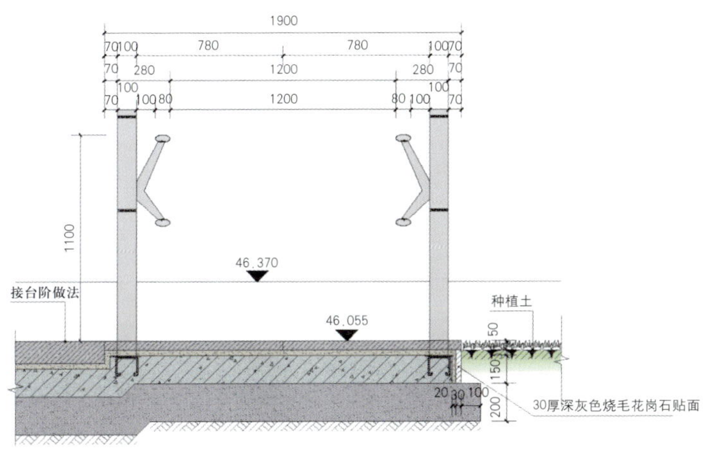

3-20 不锈钢扶手安装断面

盲道铺装我们采用了与石材及透水砖相同颜色的石材盲道砖，大大区别于以往的彩色盲道砖，使整个地面铺装更加统一协调。

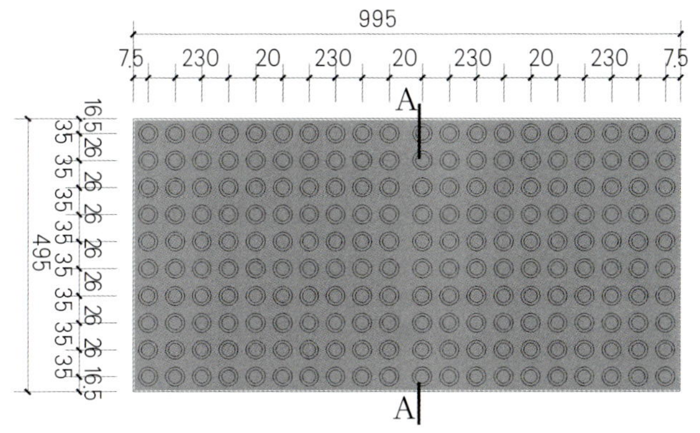

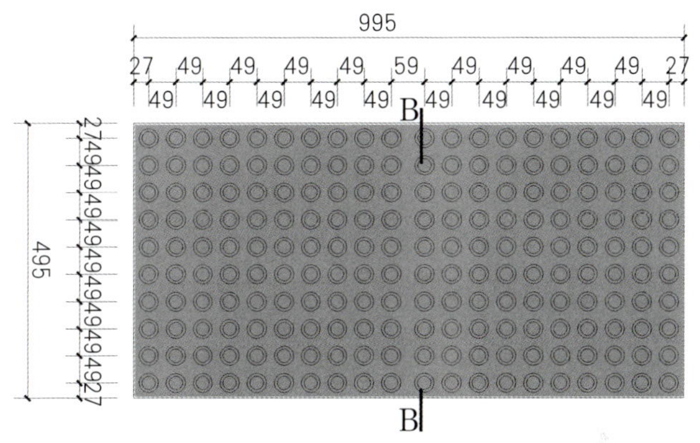

3-21 盲道铺装设计

四、绿化设计

国家体育馆整体设计简洁，大方，在种植设计上，我们也秉承这一原则，采用了最少种类的植物，营造出一个既有层次，又不杂乱的空间。

在东西出入口两侧，我们采用了大面积的草坡，呈现给行人一个整体的绿色环境面，同时将建筑主体衬托出来。西侧是建筑次入口，为了增加建筑的整体立面效果，我们种植了一排整齐的国槐，从而形成建筑的遮挡层面。南北广场两侧，也种植了国槐树阵呼应，所有的国槐种植点，均在建筑的整体轴线上，使得景观看起来非常整齐，有秩序。而南北两侧的树阵则采用了元宝枫，元宝枫为大型乔木，且树形饱满，树冠匀称，秋季属于观叶树种，满树黄红树叶，色彩缤纷，分外好看。大面积的种植势必形成一景。且该树树冠丰满，种于集散广场之上，可起到遮荫之效。

3-22 绿化设计组图

五、灯光设计

国家体育馆灯光本着功能与艺术结合的原则，以满足功能为前提条件，尽量地减少室外灯具的数量。且为了能和建筑主体、景观环境协调统一，整个体育馆环境灯光灯具采用了整体重新设计的方案，灯位与主体建筑轴线相对，灯具造型均采用圆筒状造型，灯头与灯身比例均为2：1，颜色也均为深灰色，对应铺装颜色，使得整个环境成为一体。

第四章 结构设计

第一节 结构概况

国家体育馆根据建筑功能从空间上划分为两个馆：即由比赛场地、看台、休息厅构成的比赛馆和由热身场地及配套用房构成的热身馆。比赛馆平面轴线尺寸为114m×144.5m，地下1层、地上4层，其中二～四层含有看台；热身馆平面轴线尺寸为51m×63m，主要为一层空间，局部两层。各层层高分别为4.0、6.0、6.0、4.0、4.0m，主要柱网尺寸为8.5m×8.5m，另有8.5m×12m、8.5m×4.25m柱网。

国家体育馆建筑采用下沉式设计，室内比赛场地标高被确定为±0.000，建筑物东、西、北侧的下沉广场地坪标高为-0.150（相当于该场地自然地坪下3.5m），南侧室外地坪标高为+5.850，建筑物最高点约为43m（以±0.00计）。

体育馆的屋盖呈单向波浪形覆盖比赛馆与热身馆，投影面积约为23700m^2，屋面标高约为38～43～28m，其中比赛馆的外轮廓尺寸为123m×172m，包括南端9.2m、北端9.8m、东西两侧各4.5m的四周悬挑部分；训练馆的外轮廓尺寸为57m×63m，包括北端6.0m的悬挑部分。

国家体育馆下部主体结构采用钢筋混凝土框架—抗震墙与型钢混凝土框架—钢支撑组合的结构体系；屋盖采用大跨度双向张弦空间网格结构（图4-1），由设于体育馆外围的78根型钢混凝土柱支撑；整个结构未设永久性结构缝（图4-2）。

4-1 国内空间跨度最大的双向张弦钢屋架结构体序

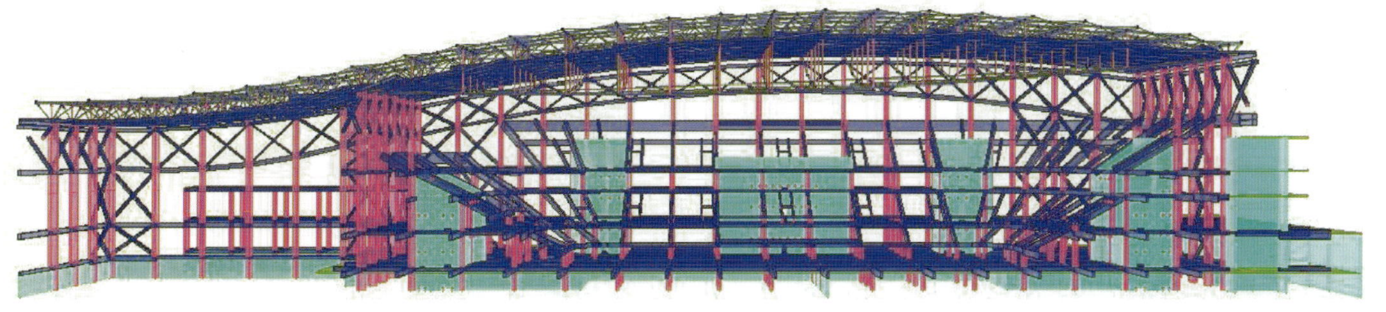

4-2 结构纵剖断图

一、 结构设计标准

国家体育馆作为2008年奥运会的主场馆，其结构设计标准相应较高。根据《国家体育馆奥运工程设计大纲》的要求，结构设计标准如下：建筑结构设计使用年限（耐久年限）混凝土结构为100年、钢结构为50年；结构设计基准期（可靠度）为50年；建筑结构安全等级为一级（γ_0=1.1）；建筑地基基础等级为甲级，基础设计安全等级为一级（γ_0=1.1）；抗震设防类别为乙类；建筑物耐火等级为一级；地下工程的防水等级为一级。

二、 场地工程地质情况和水文地质情况

1．地形概况

场区在地貌单元上位于永定河冲洪积扇的中部，地形基本平坦，场地自然地面标高为44.00～45.00m。

2．地层岩性及分布特征（表4-1）

地层岩性及分布特征 表4-1

年代成因		土层编号	土层名称	压缩性	层底标高(m)	地层厚度(m)	承载力标准值(kPa)
人工堆积层		①	黏质粉土、粉质黏土、填土房渣土炉灰		42.33～43.87	0.8～2.0	—
第四纪全新世	冲洪积层	②	砂质粉土、黏质粉土、重粉质黏土	中～中高	37.69～40.24	3.2～5.7	150～180
		③	粉细砂	中～低	35.92～39.41	0.4～2.9	230
		④	粉质黏土、黏质粉土、重粉质黏土、黏土	中高～中	31.53～36.41	2.6～5.8	160～190
		⑤	中细砂、粉细砂、圆砾	低	27.29～31.41	1.5～1.7	240～280
晚更新世冲洪积层		⑥	粉质粉土、重粉质黏土、黏土	中～低	24.3～26.14	1.6～5.1	210
		⑦	粉细砂	低	23.65～25.41	0.4～2.0	280
		⑧	粉质黏土、黏质粉土、黏土、砂质粉土	中～中低	20.64～22.77	1.9～4.0	230
		⑨	粉质黏土、黏质粉土、重粉质黏土、黏土	中低～低	15.83～19.67	1.6～5.4	230～260
		⑩	粉质粉土、重粉质黏土、砂质粉土	中低～低	13.48～16.23	1.6～3.9	240
		⑪	圆砾、细中砂	低	6.64～9.41	5.3～7.7	350～400
		⑫	粉质黏土、黏质粉土、黏土、重粉质黏土	中低～低	1.14～4.88	3.5～6.5	240
		⑬	黏质粉土、砂质粉土、重粉质黏土	中低～低	−4.10～−1.39	3.7～6.6	250
		⑭a	卵石圆砾、细中砂		钻孔未穿透		380～450
		⑭b	重粉质黏土、粉质黏土				290

3．水文地质条件

（1）场区地下水埋藏情况

场区范围内的地下水类型分别为潜水（一）、层间潜水（二）和承压水（三）。勘探时潜水水位标高37.32～39.07m，层间潜水水位标高31.52～32.70m，承压水水位标高27.60～30.35m。

（2） 历年最高水位记录

1959年最高水位标高：接近自然地面。

1971～1973年最高水位标高：44.00m（上层滞水和潜水的混合水位）。

近3～5年最高水位标高：42.00m（上层滞水）；35.00m（潜水）。

（3） 地下水和场地土的腐蚀性

在干湿交替条件下，潜水对混凝土结构无侵蚀性，对钢筋混凝土结构中的钢筋和钢结构具有弱腐蚀性。场区15m深度范围内的土除黏质粉土、粉质黏土、填土对钢筋混凝土结构中的钢筋具有弱腐蚀性外，其余土对混凝土结构及钢筋混凝土结构中的钢筋均无腐蚀性。

4．场地与地基的抗震设计条件

本场地建筑的场地类别为Ⅲ类。自地面至20m深度范围内饱和粉土和砂土不存在潜在的地震液化。

5．本场地不存在影响场地整体稳定性的不良地质作用

三、 荷载作用

1．地震作用

（1） 反应谱法

地震作用以规范GB50011—2001为标准进行取值（表4—2），参考《国家体育馆工程场地地震安全性评价补充工作报告》及其批复中的地震动参数进行必要的计算和复核。

水平地震动参数　　表4—2

地震烈度	50年设计基准期超越概率	地面最高加速度(g)	水平地震影响系数最大值 α max	特征周期Tg
多遇地震	63%	70	0.16	0.45
设防烈度	10%	200	0.46	0.6
罕遇地震	2%	400	0.95	0.9

（2） 时程分析法

进行多遇地震和罕遇地震分析时，分别采用三条由地震局提供的本场地50年超越概率的水平加速度时程，持续时间不少于12s，时程分析时步长不大于0.02s。

（3） 竖向地震作用

屋盖的大跨结构和长悬臂结构的竖向地震作用标准值取屋盖结构、构件重力荷载代表值的15%。

（4） 阻尼比

钢筋混凝土结构：弹性分析，阻尼比ξL ＝ 0.05；弹塑性分析，阻尼比ξEP ＝ 0.05

钢屋盖结构：弹性分析，阻尼比ξL ＝ 0.02；弹塑性分析，阻尼比ξEP ＝ 0.03。

2．重力荷载

（1） 楼面荷载标准值

一般房间按照规范GB50009—2001选用，比赛和热身场地考虑日后综合使用取值为10kN/m^2，临时看台区域为6kN/m^2。

（2） 屋面恒荷载

包括屋面板系统、檩条、吸声材料、马道、机电、固定吊挂荷载等，分项如下：

1） 结构上弦屋面板和檩条 —— 0.9kN/m^2；

2） 结构下弦吸声材料 —— 0.2kN/m^2；

3） 结构下弦马道荷载 ——5.0kN/m^2，具体位置见详图4—3；

4） 结构下弦机电荷载 ——1.5kN/m^2，具体位置见详图4—4；中的阴影区域。

5） 结构下弦固定吊挂荷载 —— 按照实际考虑。

（3） 屋面活荷载和雪荷载

包括以下两种类型，并且这两种类型的活荷载可以同时存在。

第一种类型（活荷载1）：包括均匀分布的活荷载，按照规范取值0.5 kN/m^2，以及不均匀分布的雪荷载，考虑以下八种布置，具体见详图4—5。

布置1：屋盖均布

布置2、3：比赛区域或热身区域均布

布置4、5：以南北对称轴线为分界线，在屋顶的东、西区域均布

布置6、7、8：以屋顶柱面的最高点为分界线，在不同区域均匀布置

第二种类型（活荷载2）：为演出吊挂荷载。本工程赛后为多功能使用，为满足举行大型文艺演出、各类国际大公司的顶级发布会等的需求，钢屋架上的主要吊挂荷载（活荷

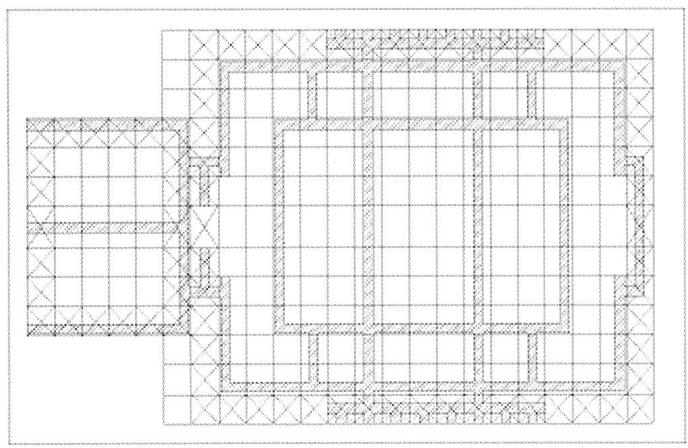

4-3 结构下弦马道荷载分布图

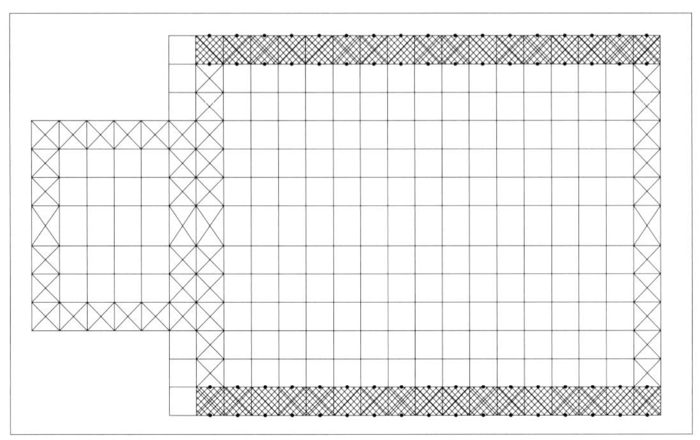

4-4 结构下弦机电荷载分布图

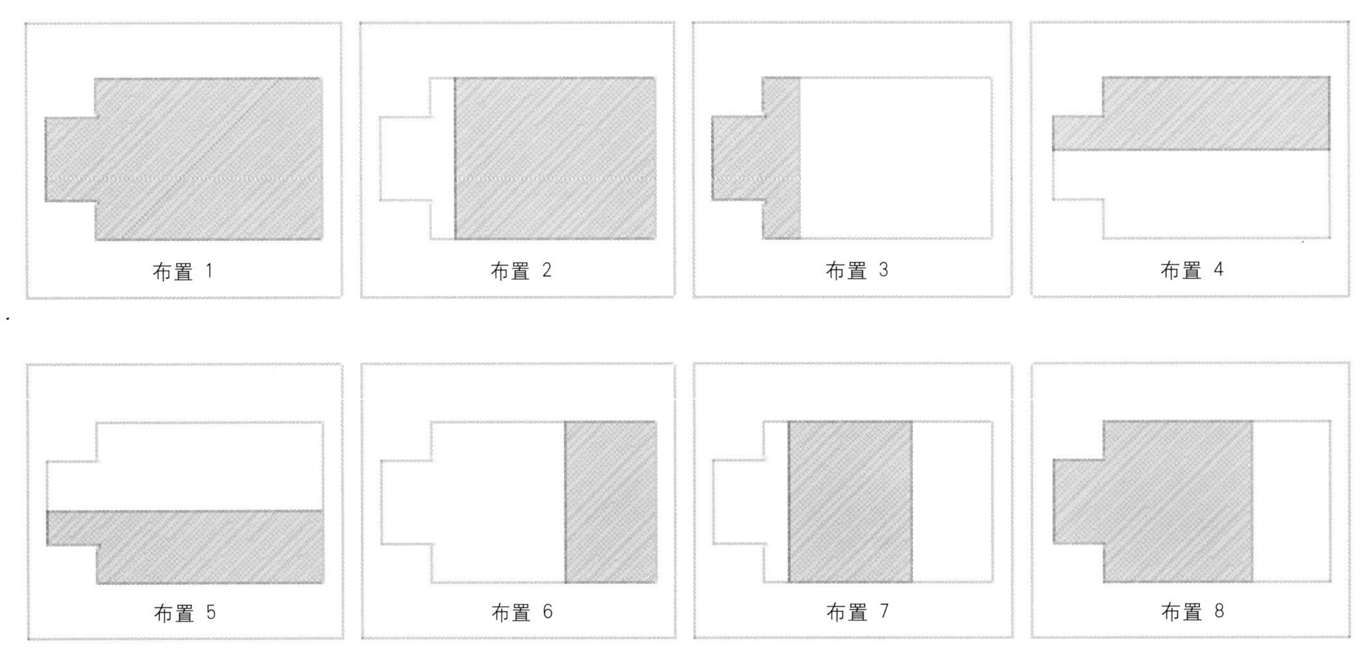

4-5 第一种活荷载类型分布图

载）考虑以下七种可能的布置，具体见详图4-6。

3．风荷载

基本风压按100年一遇取值：w_o=0.5kN/m^2；风压高度变化系数按C类地面粗糙度采用；屋盖结构的风振系数取1.5；体型系数u_s根据风洞试验结果确定，风荷载以吸力为主。

4．温度作用

气候条件：北京市区属典型暖温带、半湿润、半干旱大陆性气候，年平均气温为11～12°C，7月份平均气温为25～26°C，1月份平均气温约－4～－5°C。

混凝土结构考虑±15℃的温度变化作用；屋盖钢结构温度应力分析所采用的设计温差值为±20℃（假定合拢温度为+15℃）。

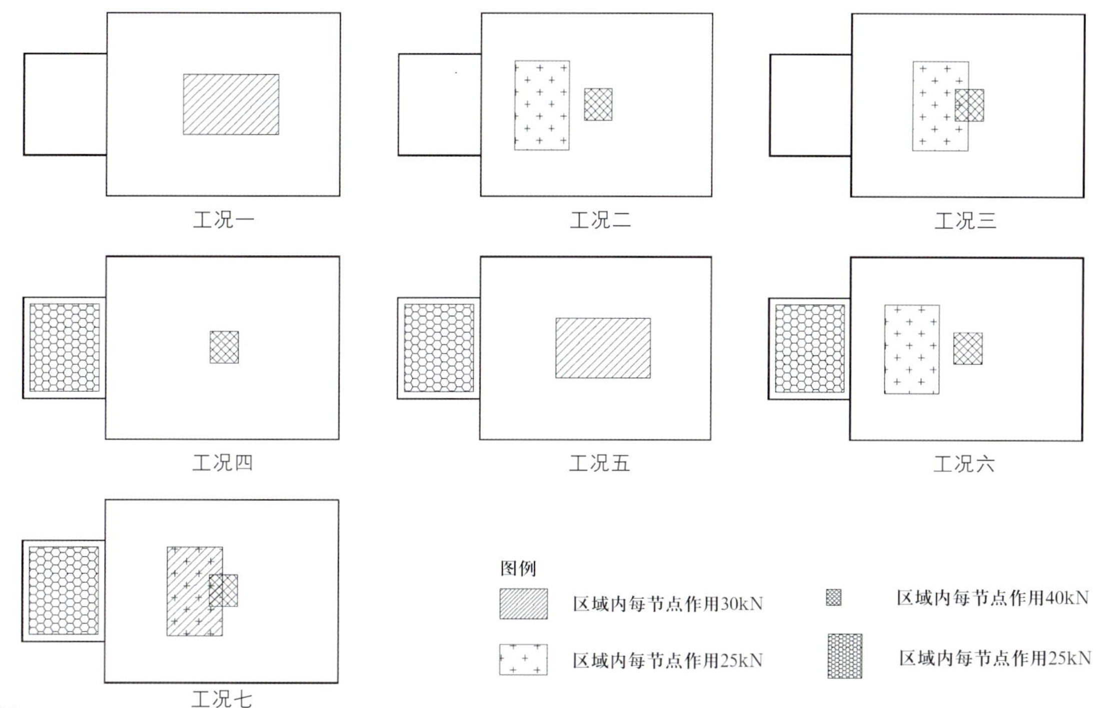

4-6 屋架下弦节点活荷载布置图

第二节　下部主体结构设计

一、 结构布置

国家体育馆的建筑平面布置非常紧凑，结构设计时充分利用平面上分布均匀的楼、电梯间和机电设备用房布置钢筋混凝土剪力墙，沿外圈柱布置柱间钢支撑作为结构主要抗侧力构件。屋盖的水平和竖向力主要通过外圈型钢混凝土框架和钢支撑传至下部结构和基础，楼板采用全现浇钢筋混凝土板，看台结构采用后现场浇筑混凝土梁板构件（图4–7、图4–8、表4–3）。

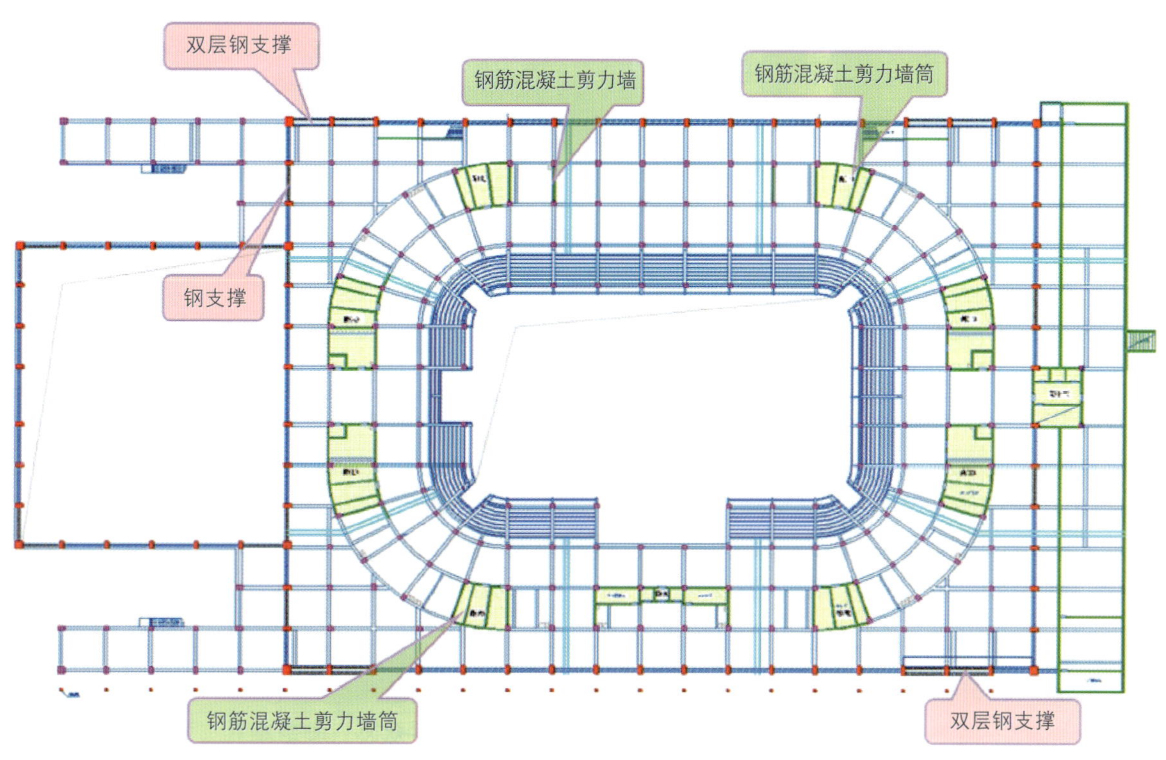

4-7 +6.000层结构平面

4-8 下部主体结构剖面

主要构件截面尺寸及混凝土强度等级 表4—3

项目		截面尺寸	强度等级
楼盖厚度(mm)	±0.00层板	300	C40
	+6.00层板	250	
	其余楼层板	200	
柱截面(mm)	内柱	600×600，700×700，700×1000	C40，C50
	支撑屋盖型钢混凝土柱	700×1400(900×300×20×30) 700×1600(1000×400×20×30) 700×1800(1500×300×20×30) 1400×1800(1500×900×20×30)	C50 Q345—C
梁截面(mm)	一般梁	500×800，600×800，600×1700	C40
	型钢混凝土梁	450×800(500×300×20×20) 600×800(500×300×20×20) 800×800(500×300×20×20) 1000×800(500×300×20×20)	C40
柱间支撑(mm)	交叉杆件	H型钢500×400×20×30 500×300×20×30 500×250×20×30 400×300×16×20	Q345—C
混凝土墙体厚度(mm)	筒外墙	400	C50
	筒内墙	300	

二、 分析模型

在建立计算机三维空间仿真分析模型（图4—9）时，即使大型体育场馆建筑空间多变、结构体系复杂、结构构件种类多样、各子体系相交错包容，其分析模型也应该尽可能真实地反映结构构件的位置、截面尺寸、连接方式等。由于大跨度钢结构屋盖的刚度及支座约束条件在地震作用下对主体结构的周期、位移、内力的传递等有着不容忽视的影响，因而屋盖部分也应按照实际布置方式输入，从而保证各子体系间的相互空间作用及变形耦合的真实性。在设计中为避免单一设计分析软件的局限性，我们分别采用了PMSAP、ETABS、SATWE空间分析软件同时进行计算分析比较，从而增强对结构性能的把握和判断。

由于本工程是平、立面均不规则的大跨度空旷复杂空间结构，看台以下有明显的建筑层，但看台以上的构件中包括屋盖体系实际处于一个空间区域中，不能用传统意义上的层来描述，分析模型中的层是人为划分的，相应的我们也不能简单地套用机算结果中的楼层位移和层间位移角，对位移的控制需采用节点位移统计的方法进行确定。

三、 结构设计

1．结构抗震设计原则

结构的抗震分析采用三水准、两阶段设计法。

第一阶段设计：进行了多遇地震作用下的弹性分析，分别采用振型分解反应谱法和时程分析法验算结构构件的承载

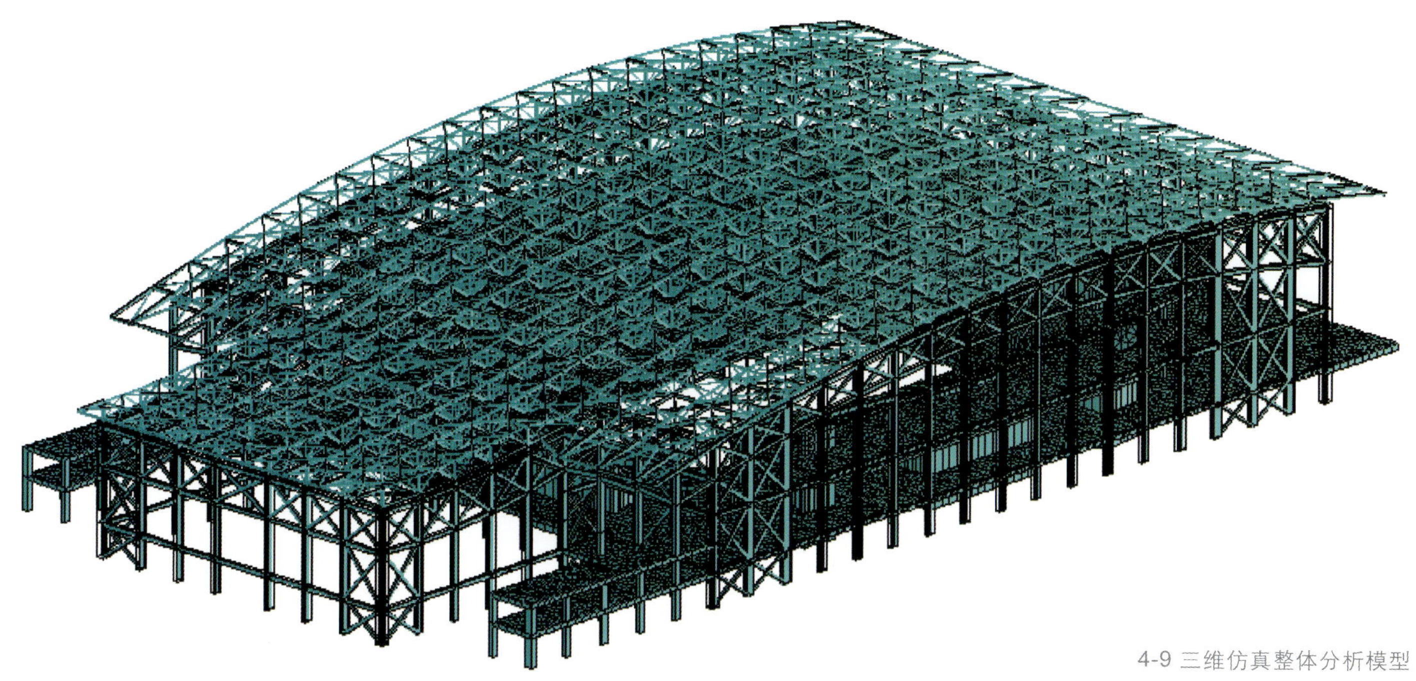

4-9 三维仿真整体分析模型

力和结构的弹性层间位移，以保证在第一水准下结构整体处于弹性状态。钢筋混凝土框架－抗震墙与型钢混凝土框架－钢支撑组合结构体系的构件抗震等级：支撑屋盖的78根型钢混凝土框架柱按特一级考虑，其他剪力墙及框架均为一级。

考虑到本工程结构的复杂性以及工程的重要性，设计时还进行了中震作用下的弹性分析，保证主要结构构件在中震作用下不屈服（计算中构件抗震等级取四级，即取消抗震等级对构件内力的提高系数，材料强度及荷载均取标准值），以确保实现在第二水准下损坏可修的目标。

第二阶段设计：进行罕遇地震作用下的弹塑性分析，通过静力的弹塑性分析及动力弹塑性时程分析验算结构的弹塑性层间位移角使其满足规范的要求，并采取相应的抗震构造措施以实现第三水准的设防要求。

2. 结构分析

（1）看台部分的钢筋混凝土框架－剪力墙结构体系

看台部分的钢筋混凝土框架－剪力墙结构体系是体育馆主要功能区的结构主体，从建筑功能上分为固定看台和附属用房两部分。固定看台从层二开始由池座、包厢层及楼座组成，共3层（图4－10）。附属用房分布于地下层一至地上层四的看台下部。在看台楼座以下利用楼、电梯间及卫生间、机房等在平面上均匀、对称的设置了十个钢筋混凝土筒作为主要抗侧力构件，楼座部分则利用看台斜梁与框架柱形成的诸多三角形结构单元作为其主要抗侧力构件。该结构体系的受力主要特点是地震力传递直接简单，结构刚度非常好，变形较小。

通过计算分析发现，楼座部分的看台结构，由于混凝土筒体减少，结构刚度相对于下部结构薄弱，但将看台斜梁与外排型钢混凝土框架柱拉结后形成的三角形结构单元具有较好的抗侧力刚度及能力，可以使看台部分的钢筋混凝土框架－剪力墙结构体系与支撑屋面的型钢混凝土框架－钢支撑结构体系形成整体协同作用，在加强了看台楼座部位结构刚度的同时既有效地将屋盖结构的地震力部分传至了框架－剪力墙结构，又减小了型钢混凝土框架柱在平面外的计算长度，提高了其在平面外的刚度和稳定性，从而形成了整体性及刚度更好的混合结构体系。

将看台斜梁顶部与外排型钢混凝土柱拉结与不拉结进行了结构自振周期和位移的对比分析比较（图4－11），从计算结果可以看出拉结后结构第一振型的周期减短了约13％（表

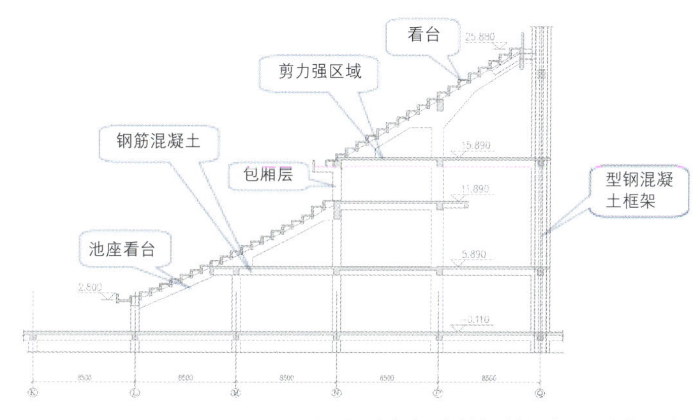

4-10 看台部分的钢筋混凝土结构局部

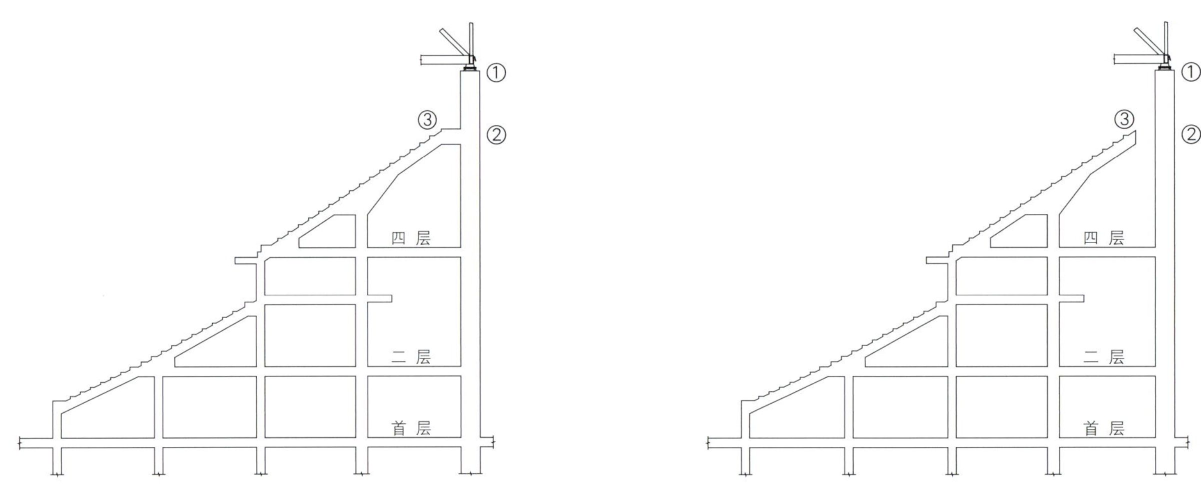

4-11 顶部与外框架关系

4-4），支撑屋面的型钢混凝土框架柱柱顶位移则减小了15%～25%；不论是看台斜梁部分还是型钢混凝土框架柱其相应部位的变形均大大减小。

看台斜梁与外排型钢混凝土柱拉结的这一受力关键部位在地震作用下处于复杂受力状态，设计中我们对该部位进行了加强，在第四层楼层框架梁以及看台斜梁与型钢柱的连接部位均设置型钢混凝土框架梁，通过这样的设计一方面可以强化地震反应关键区的抗力，另一方面，不同子体系和材料之间应该适当过渡，避免刚度突变，造成抗力不平衡性破坏。

周期和振型　　表4—4

振型号	拉　接		不拉接	
	周　期(s)	振型模态	周　期(s)	振型模态
1	0.5488	Y向平动	0.6188	Y向平动
2	0.4818	X向平动	0.5192	X向平动
3	0.4347	扭转振型	0.4374	扭转振型

（2）外围支撑屋面的型钢混凝土框架—钢支撑体系

作为整个体育馆大跨钢结构屋盖的支撑系统，该体系所承受的地震作用在整个结构中占有相当高的比例（图4—12），是整个体育馆结构抗震体系中最重要的组成部分，必须进行针对性的加强。设计中我们在外排柱、梁中均采用了型钢混凝土，利用型钢良好的延性提高结构的抗震性能；结合建筑立面及功能要求，我们在柱间设置了钢支撑以提高结构的整体性，增加结构平面内的刚度及抵抗水平地震作用的能力，使结构平面刚度分布更为均匀，减少了扭转的影响。最终形成了由78根型钢混凝土柱、437根型钢混凝土梁、278组钢支撑（其中比赛馆四角连续两跨布置的钢支撑为双排支撑）组成型钢混凝土框架—钢支撑体系。

型钢混凝土柱顶标高从22.940～28.220～37.133～33.620m，沿南北向呈波浪形布置。柱内型钢截面主要为王字型，梁内型钢截面为H型，主要型钢混凝土节点如图4—13、图4—14所示。

本工程中型钢混凝土柱、梁与钢支撑形成的边桁架与屋盖下的拱形桁架与其他型钢柱、梁共同作用形成了十分明显的空间效应。计算分析表明，对型钢混凝土梁、柱内型钢截面的调整和型钢混凝土柱间钢支撑的布置位置及截面的调整，将使体系中不同部位构件的内力及变形呈现出明显的变化规律。特别是钢支撑布置位置和截面的调整，会对结构的反应模态、周期、位移、柱底部反力、体系边缘构件的内力等产生

4-12 型钢混凝土框架-钢支撑结构体系

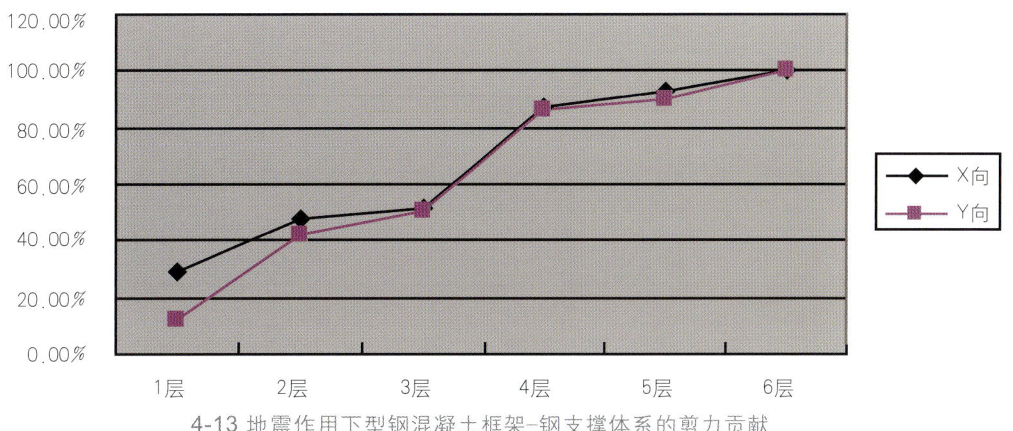

4-13 地震作用下型钢混凝土框架-钢支撑体系的剪力贡献

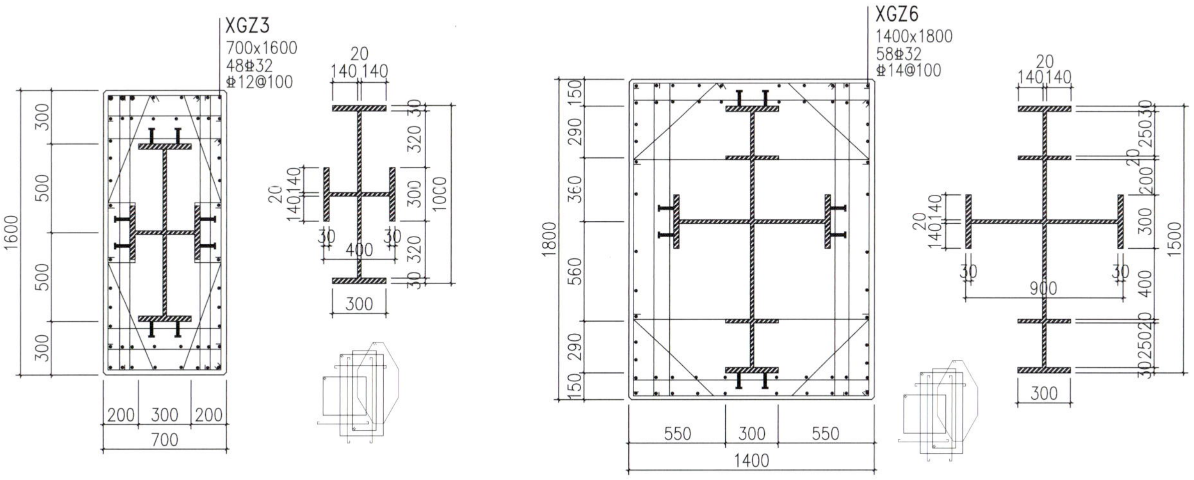

4-14 型钢混凝土柱

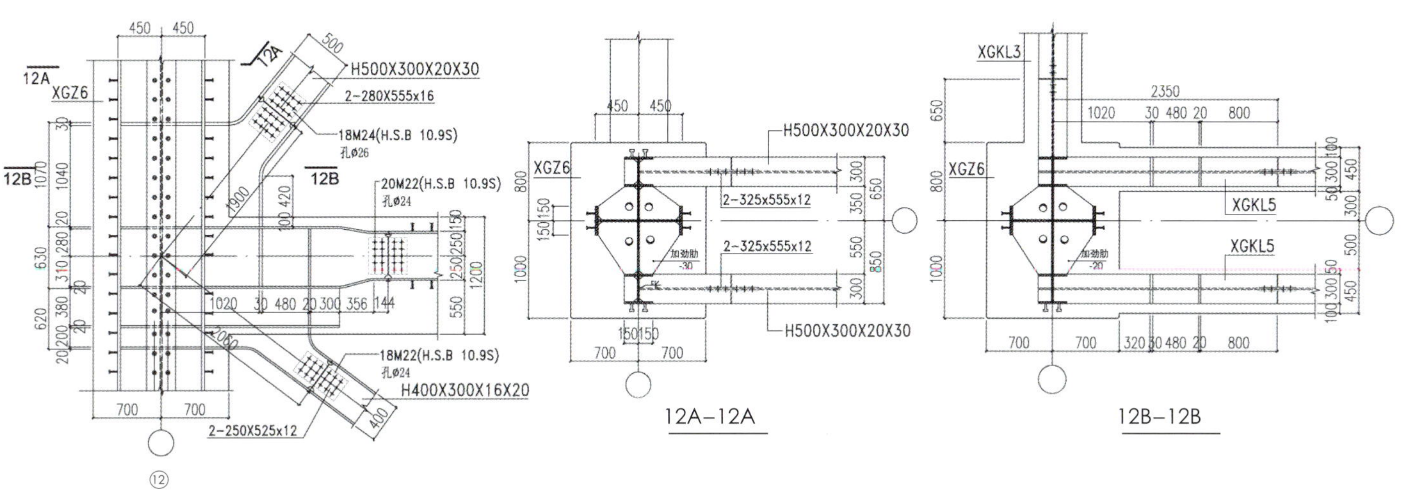

4-15 钢支撑（双）节点

较大影响。因此从对地震反应的敏感性亦能看出，型钢混凝土框架—钢支撑体系是整个体育馆结构体系中最主要的安全防护屏障，对整个结构的主要振型及周期有着最直接的影响。

在设计过程中我们针对不同的钢支撑布置方式进行了对比分析：

模型1：在型钢柱端部及型钢柱顶部设置连续钢支撑（实际状况）

模型2：仅在型钢柱端部设置连续钢支撑

从计算结果不难发现，钢支撑在这种复杂空间结构体系中的作用非常明显，在布置钢支撑的情况下较无钢支撑结构刚度提高约75%（表4—5），并且使整体结构刚度更为均匀，大大推迟了第一扭转振型的出现（表4—6）。计算模型1与模型2比较虽然结构刚度仅增加大约20%，但支撑屋面的型钢柱、梁与钢支撑形成的边桁架和屋面下随屋面曲线布置的拱形桁架协同作用所产生的空间效应可以在一定程度上消减角柱的内力，从而使周边的型钢混凝土柱内力分布相对均匀。

型钢混凝土框架－钢支撑结构体系在平面和立面上的布置上非常灵活、可塑性较强，钢支撑的布置在满足结构设计要求的前提下，亦可依据建筑立面和造型进行调整，最大可能地满足建筑师对美学和实用的要求。体育馆外围护结构为透明幕墙，但其室内大空间的通风、排风和大型屋面的排水问题均需要有竖向路由得以解决，我们为此将竖向的钢支撑布置与竖井布置相结合，于比赛馆的四个角部设计了双层钢支撑，使设备风道、管道在双层支撑的空隙间穿过，并在风道间的缝隙中设置圆钢管将双层支撑连接起来形成整体协同作用，既满足了建筑师对平面、立面、空间使用的要求，又大大加强结构的整体刚度(图4—15)。

3. 节点设计

型钢混凝土构件能充分发挥型钢和混凝土材料各自的优点，但型钢混凝土框架的节点设计常常是该体系设计的难点。本工程中设置的大量的钢支撑(图4—16)则使节点更加复杂化。由于体育馆的体量大，建筑立面设计要求严格，致使型钢柱间钢支撑节间距大，其平面外计算长度一般在10m以上，最大的达15.17m。设计时为解决支撑平面外的刚度问题，需将H型钢支撑的截面强轴置于平面外，弱轴置于平面内，由此必然导致支撑节点区域的钢支撑与型钢梁交会处的翼缘相对较宽，达到560mm，宽翼缘构件元素的加入更增加了节点设计的复杂性。节点区域三向交叉的型钢与钢筋的空间矛盾关系非常突出，型钢柱的部分主筋必须穿过型钢梁和钢支撑的翼缘板才能保证型钢柱的截面性能，同时型钢梁的部分主筋也受阻于钢支撑的翼缘，而在型钢梁和钢支撑的翼缘上开孔会导致截面力学性能上的部

楼层层间最大位移层高之比（Du/h） 表4—5

楼 层	模型1		模型2		未设支撑	
	X向位移角	Y向位移角	X向位移角	Y向位移角	X向位移角	Y向位移角
6	1/794	1/1134	1/671	1/1019	1/441	1/630
5	1/1294	1/1600	1/1274	1/1259	1/532	1/681
4	1/1085	1/1282	1/1163	1/1182	1/723	1/667
3	1/1307	1/873	1/1236	1/902	1/745	1/662
2	1/1798	1/1288	1/1785	1/1334	1/1787	1/1212
1	1/24681	1/22616	1/24573	1/22725	1/24672	1/22548

周期和振型 表4—6

振型号	模型1		模型2		未设支撑	
	周 期(s)	振型模态	周 期(s)	振型模态	周 期(s)	振型模态
1	0.5488	Y向平动	0.6577	Y向平动	0.9589	Y向平动
2	0.4818	X向平动	0.5423	X向平动	0.9500	X向平动
3	0.4347	扭转振型	0.4567	扭转振型	0.7772	扭转振型

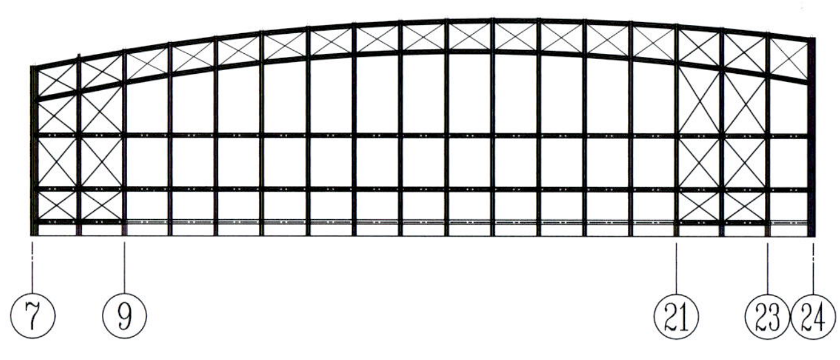

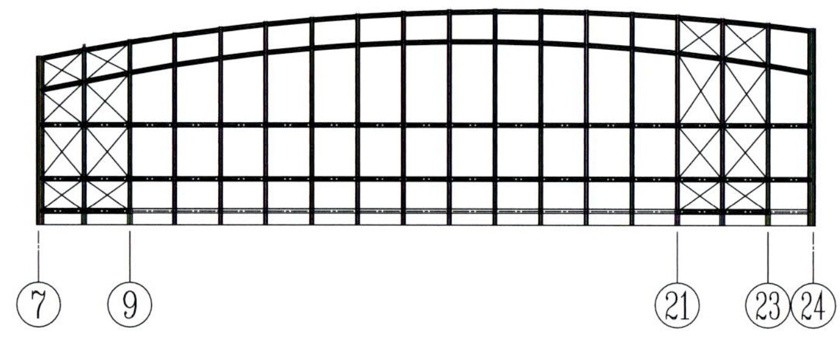

4-16 钢支撑布置图

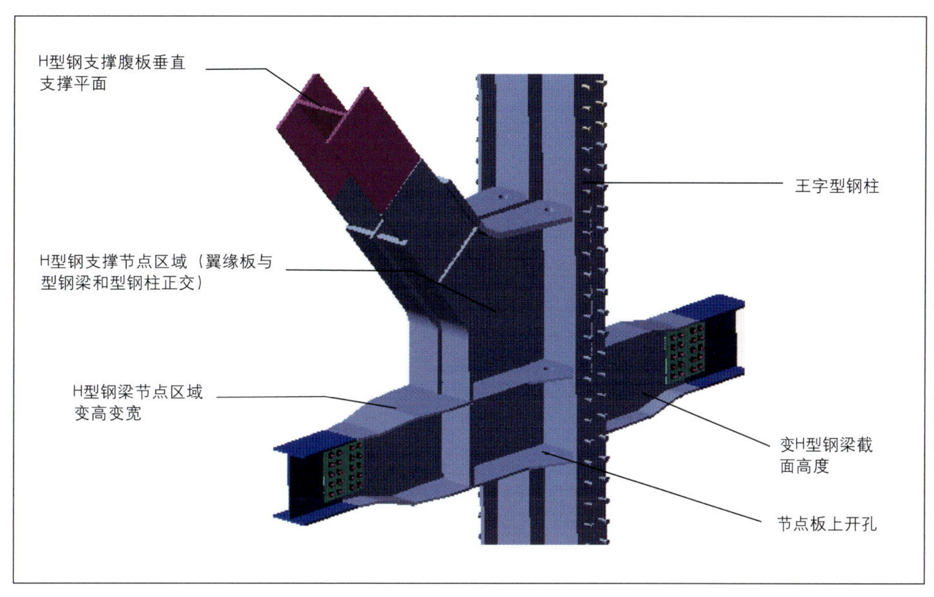

4-17 标准型钢混凝土框架–钢支撑型钢节点

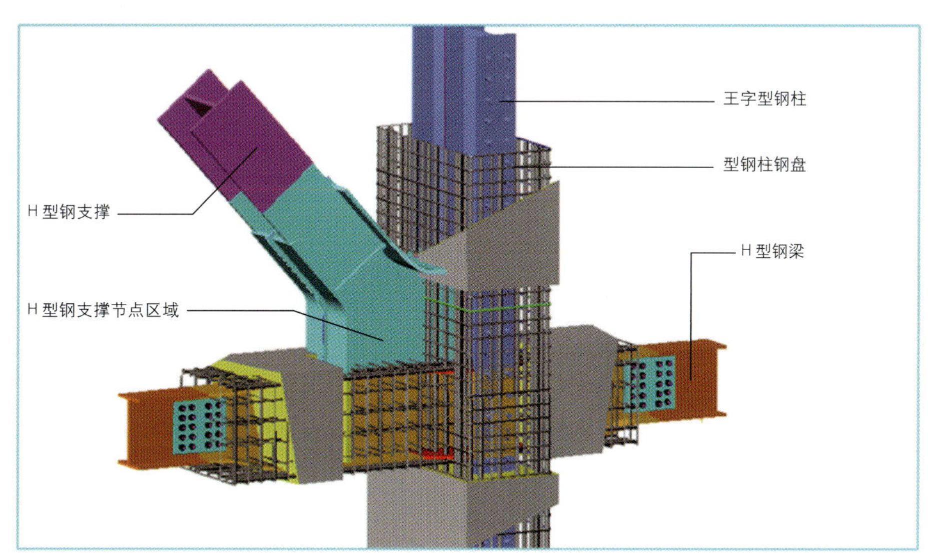

4-18 标准型钢混凝土框架–钢支撑与钢筋混凝土的空间关系节点

分损失，会降低型钢的设置效能，因此节点设计的关键目标是不仅要找回失去的型钢截面，同时还要相对加强节点区的型钢性能，确保型钢混凝土框架节点在地震作用下的可靠(图4—17、图4—18)。

本工程采用对节点区域型钢变截面的方法，利用截面几何和物理性能的等效法则对型钢截面适当开孔穿筋，这样设计一方面加强了节点区域的截面刚度,保证了型钢截面的力学性能，另一方面使钢筋的连接和锚固同样得到较好的解决。

从结构抗震性能方面分析，一般情况是钢结构的延性最好，型钢混凝土结构其次，当我们对型钢混凝土框架的节点进行针对性的设计和处理后，其延性接近或达到了钢结构节点的水平。

对于型钢混凝土框架结构，其构件性能可通过截面中型钢与钢筋混凝土的相对比率进行调整。在节点设计时我们利用截面的等效性和型钢的可塑性，加大节点区梁中型钢高度，使梁中钢筋收敛于节点区域的型钢翼缘板，梁截面的性质由跨中型钢与钢筋混凝土的二元截面转换为相对点目标得以实现。

4. 应用前景

国家体育馆所采用的型钢混凝土框架－钢支撑－钢筋混凝土框架剪力墙混合结构在大跨度复杂空间结构中有着良好的应用价值和前景，其主要特点：

1）体育建筑等大跨空间结构一般以混合结构体系为多，

4-19 型钢混凝土节点施工现场（一）

4-20 型钢混凝土节点施工现场（二）

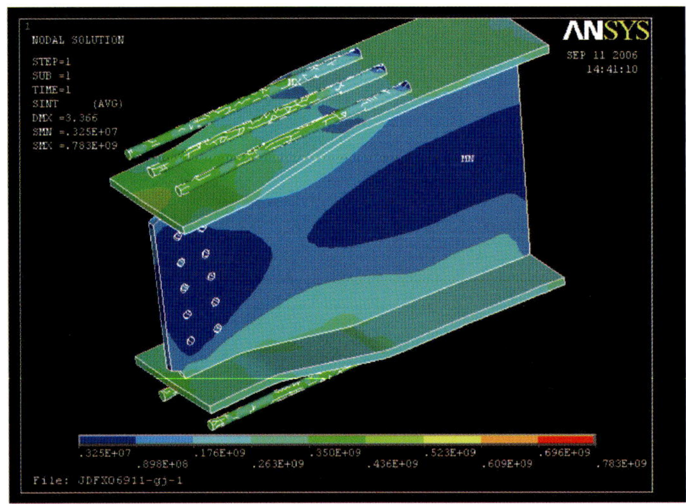

4-21 无钢支撑连接的型钢梁变截面梁与钢筋焊接极限状态应力云图

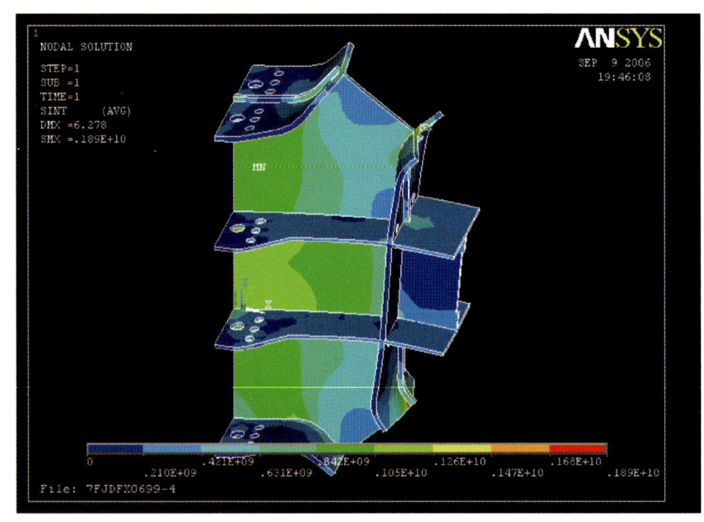

4-22 钢支撑节点极限状态应力云图

型钢混凝土框架—钢支撑结构与钢筋混凝土结构和钢结构的连接、体系间的转换等均可以比较自然地得以解决，在边界部位和过渡部位的节点性能更易于保证。

2）空间性能非常好，特别是在地震作用下，具有良好的延性和刚度，对复杂结构体系中其他部位亦有相当的影响力，从而提高建筑物整体的安全性。

3）在平面和立面的布置上比较灵活、可塑性强，支撑的布置可根据建筑设计在造型上的需要进行调整。

4）使屋盖和下部结构各部分充分发挥作用，具有良好的空间性和经济性。

5）节点区域型钢采用变截面法设计传力明确，延性好，是解决型钢混凝土框架中复杂节点区域钢筋与型钢空间矛盾的一个好办法。

第三节 基础设计

本工程采用天然地基。比赛场地和观众厅基础形式为钢筋混凝土梁筏基础，持力层主要是粉质黏土、黏质粉土层和粉细砂，局部少量砂质粉土和重粉质黏土，其综合承载力标准值按190kPa考虑。热身场区结构的基础采用柱下弹性地基条形基础，持力层主要是粉细砂和粉质黏土、黏质粉土。

本工程场地室外自然地面高程约为44.500m，由于建筑采用了下沉式设计，室内比赛场地标高±0.000＝41.100（绝对高程）、建筑物东、西、北侧的下沉广场地坪高程－0.150=40.950，均低于周围环境场地标高约3.5m，仅相当于该场地自然地坪下3.55m处标高。结构基础槽底标高为－9.020～－6.370=32.080～34.730，基础最大埋深为12.5m。

本工程建筑抗浮设防水位为42.00m，基础埋深标高远低于抗浮设防水位标高，结构楼层数量仅有5层且十分空旷，重力荷载小于上水浮力，因此需要进行抗浮设计。经分析，由于室外下沉广场地面低于抗浮设防水位，我们不仅要考虑建筑物的抗浮问题，还要考虑下沉广场的抗浮问题和周围挡土墙等的影响。为保证结构具有更好的耐久性、建筑防水效果最好、施工工期最短同时具有良好的施工质量，确定了压重为主、排水为辅的综合抗浮方案。

建筑物室内的比赛和观众大厅区域：根据该区域水头与重力荷载之差的分布，分别于地下室地面至基础底板之间填充钢渣和级配沙石压重；热身场地区域采用混凝土（内配置构造钢筋）上加素土和混凝土建筑地面压重。

室外下沉广场区域：于下沉广场周边设置排水沟、抽水泵，一方面收集日常的雨水，另一方面排掉一旦水头上升，从挡土墙和室外地面涌出的水；于广场地面下1.5m处设置300mm厚的钢筋混凝土板，上铺固化级配沙石及透水砖，既保证了抗浮所需要的重量，又能达到排水及雨水收集的环保要求；室外车道和附属设施建筑多采用在外侧设置飞边利用回填土压重。

第四节 屋盖双向张弦空间网格结构设计

一、 屋盖结构体系

屋盖表面由南北方向不同的柱面组合形成。热身馆区域为下凸的柱面，柱面半径为230m。比赛区域由三个上凸的柱面组成，中间63m即与热身区域同宽部分的柱面半径为372m，并与热身区域的柱面相切；东西两侧柱面半径为302m；中间柱面与两侧柱面在最南端相交。

虽然体育馆在功能上划分为比赛馆和热身馆两部分，但屋盖结构在两个区域连成整体，即采用正交正放的空间网架结构连续跨越比赛馆和热身馆两个区域，形成一个连续跨结构。空间网架结构在南北方向的网格尺寸为8.5m、东西方向的网格有两种尺寸，其中在J轴和K轴之间的网格尺寸为12.0m，其他轴的网格尺寸为8.5m。按照建筑造型要求，网架结构厚度在1.518～3.973m之间。不包括悬挑结构在内，比赛馆的平面尺寸为114m×144m，跨度较大，为减小结构用钢量、增加结构刚度，充分发挥结构的空间受力性能，在空间网架结构的下部还布置了双向正交正放的钢索，钢索通过钢桅杆与其上部的网架结构相连，形成双向张弦空间网格结构。其中最长桅杆的长度为9.237m，钢索形状根据桅杆高度通过圆弧拟合确定。为在训练馆区域，不包括悬挑结构，结构跨度为51m×63m，跨度较小，空间网架结构的高度与跨度比较协调，不需要在空间网架下部布置钢索。

在网架结构的上弦平面内，除布置正交正放的上弦杆件（图4－23）外，还布置了菱形支撑杆件。菱形支撑的四个角点均位于上弦节间的中点，该点也是网架斜腹杆的上弦点。其中在比赛馆的四周边界满布菱形支撑，在内部跳格布置菱形支撑；在热身馆区域，仅在四周边界布置菱形支撑。由于比赛馆内的菱形支撑没有连续布置，为进一步提高上弦面的稳定性，通过隅撑和檩条系统将菱形支撑连成整体，组成完整的上弦面内支撑体系。

在网架结构的下弦面内，沿四周边界布置交叉支撑。

屋盖结构为下弦支撑，如图4－24所示。除在四周边设有支座外，在热身区域和比赛区域交界处还有一排柱子支承，整个屋盖结构为东西方向单跨简支，南北方向两跨简支。具体支座的方式为在屋盖结构的8个角点为三向固定球铰支座，其余为单向（法向）滑动球铰支座或双向滑动支座。

上弦面内所有杆件、腹杆以及桅杆为圆钢管，下弦面内所有杆件为矩形钢管，钢索采用挤包双保护层大节距扭绞型缆索。上弦杆件相交点采用焊接球节点、上弦节间内和腹杆以及支撑相交的节点采用直接相贯节点；为满足建筑效果要求，下弦采用铸钢节点；桅杆上端与网架结构的下弦采用万向球铰节点连接、下端与钢索采用夹板节点连接，钢索张拉和锚固端采用铸钢节点（图4－25～图4－28）。

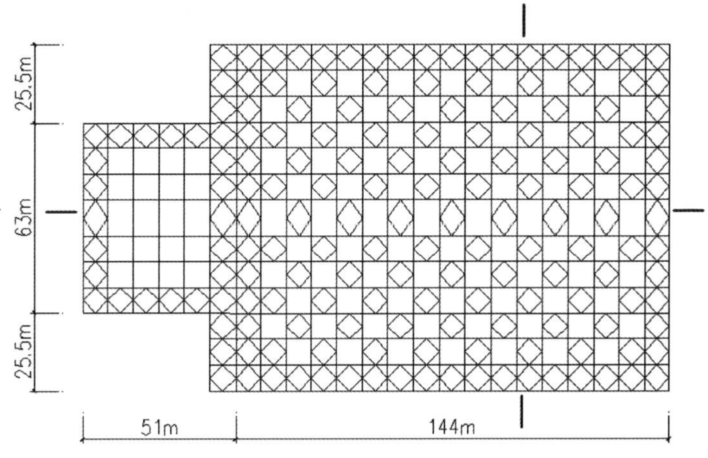

4-23 上弦杆件布置图

二、 分析模型

为了比较全面、准确分析下部结构和屋顶结构的相互影响，特别是罕遇地震下，整体结构的抗震性能，建立了考虑下部混凝土结构的整体分析模型。分析模型中主要包括以下三部分：① 第一部分为屋顶钢结构，网架结构的弦杆采用梁单元，腹杆、支撑以及桅杆采用杆单元，钢索采用索单元计算；② 第二部分为下部钢筋混凝土结构，使用杆单元、梁单元以及板单元模拟了下部混凝土结构的支撑、柱、梁及楼板

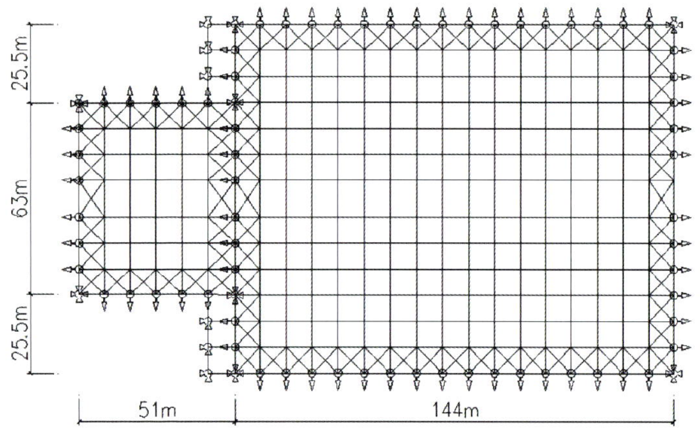

4-24 下弦杆件布置图

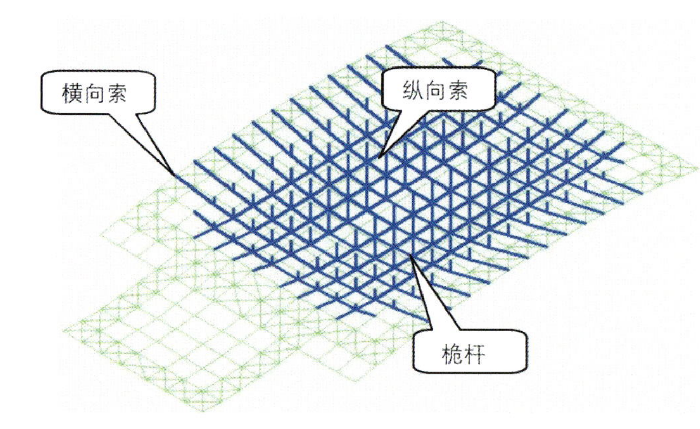

4-25 钢索和桅杆布置图

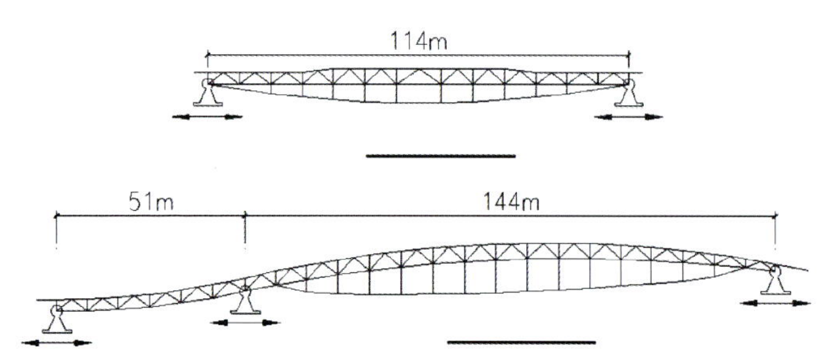

4-26 典型剖面

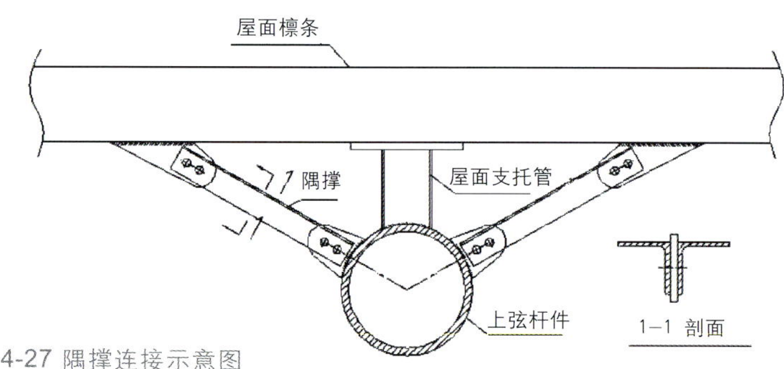

4-27 隅撑连接示意图

4-28 奥运会体操比赛场地

和看台；③ 第三部分为模拟屋顶不同类型的支座而建立的与下部混凝土结构的各种连接单元。

采用MIDAS和ANSYS两个软件对整体结构进行计算、对受力和构造复杂的节点进行有限元分析，采用北京市建筑设计研究院自编的相关程序对杆件截面优化、校核以及节点验算。

三、 屋盖结构设计

1. 屋盖结构设计标准

总体控制标准为：屋顶结构设计基准期为50年，设计使用年限为100年；结构安全等级为一级，结构重要性系数γ_0=1.1；抗震设防等级为乙类。结构刚度控制标准为：内部屋顶挠度控制1/400，周边悬挑挠度控制1/125。构件强度控制标准为：非抗震组合和常遇地震下构件（不包括钢索）的应力与材料设计强度之比控制在0.85以内，中震下构件的应力与材料的屈服强度之比控制在1.0以内。钢索控制标准为：非抗震组合和常遇地震下钢索最大内力与其破断力之比控制在0.4以内，中震下钢索最大内力与其破断力之比控制在0.6以内；在各工况下，钢索的最小应力大于50MPa。

2. 预应力确定准则

预应力度的确定是张弦结构设计的一个重要步骤。本工程按照以下原则确定初始预应力的水平：① 在任何荷载工况下，钢索不退出工作，并且保持一定的张力水平；② 满足结构位移要求；③ 调整结构构件的应力水平满足设计标准；④ 保证施工过程中，钢索能够张紧；⑤ 钢索张拉完成后，能够使结构自然脱离施工支撑。本工程的施工支撑为结构整体累积滑移的中间滑轨。最终确定最大预应力值为2000kN，最小预应力值为1100kN。

3. 防止连续倒塌或钢索更换对结构承载力的影响

按照正常结构状态，考虑正常荷载设计的屋顶结构，在不增加结构用钢量的前提下，发挥结构的空间受力性能和内力重分布能力，以致在突发或意外情况下、结构不会丧失承载力，发生倒塌事故，也是重要建筑结构设计的要求，是防止连续倒塌在空间结构设计中的体现。本工程中钢索是最主要的受力构件，在结构100年的使用期内，考虑各种因素，包括检修而进行钢索更换或由于意外事故引起钢索破断，结构发生变化，引起结构内力重分布，需要验算结构是否可以承担恒荷载和部分活荷载，不发生倒塌事故。

对完成优化的屋顶结构，取消部分关键部位的钢索，验算结构的承载能力。验算时，考虑的荷载组合为：① 恒荷载 + 活荷载1 + 预应力；② 恒荷载 + 活荷载2 + 预应力；③ 0.9倍恒荷载 + 风荷载 + 预应力；④ 恒荷载 + 温度荷载 + 预应力。其中活荷载1为屋顶均布活荷载和非均匀分布的雪荷载，共8种类型，活荷载2为满足不同类型的演出而布置的活荷载，共7种类型。有不同的取消钢索的方案，例如横向取消一根、两根、甚至三根或纵向取消一根、两根甚至三根钢索或者横向、纵向同时取消两根。图4-29是取消钢索的一种模式，即在图中的阴影区域取消横向三根钢索。

由于屋盖的空间受力性能好，内力重分布的能力强，经计算各模式下构件的应力比均小于1.0，图4-30是图4-29取消钢索模式下，各构件的应力比。验算时，强度指标取材料的屈服强度。

4. 屋盖钢结构抗火设计

国家体育馆屋盖采用了双向张弦空间结构，主要受力构件为由高强钢丝扭绞而成的外包双层PE的钢索，钢索承载力高、便于施加预应力、美观是其最大的优点，但对于这种索体如何对其进行防火保护一直是摆在建筑师和结构工程师面前的一个难题。

按照传统的防火设计方法是根据《建筑设计防火规范》中要求的建筑物构件的燃烧性能和耐火极限，建筑物防火等级为一级的屋顶承重构件的耐火极限为1.5小时，选择屋盖结构构件的防火保护方法以保证结构构件在火灾中的温升不超过其临界温度而确保耐火稳定性，满足承载能力的规定。

一般常用的结构防火保护有以下几种方法：① 喷涂防火涂料法；② 包封防火材料法；③ 屏蔽法；④ 水冷却法；⑤ 组合法。

对于本工程屋盖的双向张弦空间网格结构，主要的受力构件中含有大量的钢索，而钢索采用以上这些方法进行防火保护

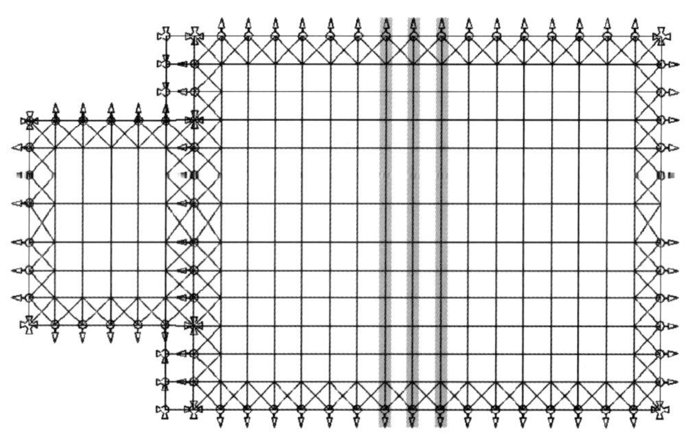

4-29 取消三根横向钢索模式

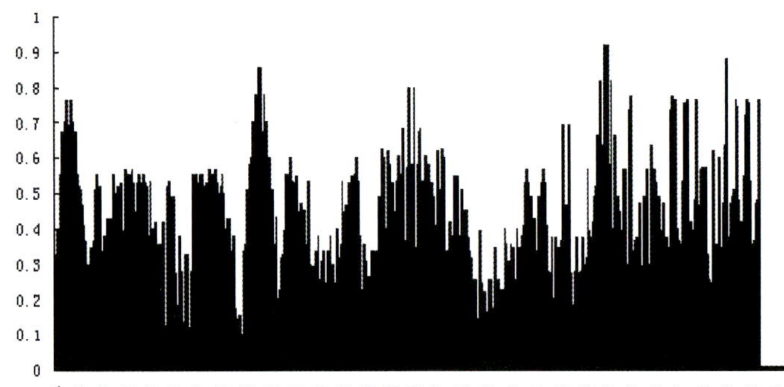

4-30 构件应力比

处理均不妥当。钢索的防腐保护层双层PE与防火涂料之间的粘结力很差，PE材料在温度超过120℃时软化，必将造成防火涂料脱落，钢丝完全暴露防火涂料根本起不到作用；包裹其他防火材料会增加重量，影响美观，施工难度大；屏蔽法不能满足建筑功能使用要求；采用自动喷林系统费用高，可操作性不强。为此，我们必须另辟途径找出解决方法——进行建筑物的消防性能化设计。即根据建筑物的具体情况制定消防目标，从而确定工程的各项消防性能指标，进行科学的分析论证，找出能达到要求的可接受的多种途径。这与传统的结构抗火设计不管任何个体情况差异均先明确规定某项解决方案有着根本的区别。

基于这种手段，我们首先明确屋盖结构消防性能目标为钢结构构件均不喷涂防火涂料，且选定屋盖体系的控制温度为200℃。之所以确定此温度是因为：第一，体育馆具有空间较高的有利条件，钢屋盖结构构件距火灾源较远。第二，在该温度即使使用防火涂料进行保护，涂层在该温度还没有膨胀。第三，依据当时国内仅有的一部相关标准上海市工程建设规范《建筑钢结构防火技术规程》DG/TJ08-008-2000，高温下钢材的强度和弹性模量如下：

强度：　$f_{yT}=\eta^{T}f_{y}$

弹性模量：$E_{T}=\chi^{T}E$

升温至200℃时，钢材的强度和弹性模量变化不大。因此，将工程性能化分析的钢材控制温度定为200℃。当钢结构区域的温度高于200℃时，将采用对钢结构有火灾危险影响的区域做可燃物控制。

建研防火设计性能化评估中心对本工程的比赛馆场地火灾、看台火灾和热身馆场地火灾进行了温度计算分析，在《国家体育馆消防性能化设计报告》中给出了用于屋盖结构整体分析的温场分布，如图4-31三个防火区域，即对应三个

温度 Ts（℃）	50	110	150	200	250	300	350
强度折减系数 η^{T}	0.982	0.948	0.920	0.880	0.832	0.778	0.716
强性模量折减系数 χ^{T}	1.000	0.989	0.977	0.961	0.941	0.916	0.881

火灾工况，分别描述如下：火灾工况1：可能发生在沿观众看台最外环9.2m×10m的区域，即两榀桁架间距内的构件和钢索，火灾发生区域内钢索升温200℃，钢构件升温82℃，撑杆升温120℃。火灾工况2：可能发生在比赛馆43m×74m内的26m×26m的区域，火灾中心区域内钢索升温65℃，钢构件升温54℃，火灾边缘区域内钢索升温32℃，钢构件升温15℃。火灾工况3：可能发生在热身馆51m×63m内的18m×18m的区域，火灾中心区钢构件升温95℃，火灾边缘区钢构件升温48℃。在抗火分析时，取此三种情况中最不利位置。

在抗火验算中，采用下式对荷载效应进行组合：

$$S=\gamma_{G}C_{G}G_{k}+\Sigma\gamma_{Qi}C_{Qi}Q_{ki}+\gamma_{W}C_{W}W_{k}+\gamma_{F}C_{F}\Delta T$$

式中：S—荷载组合效应；

G_k—永久荷载标准值；

Q_{ki}—楼面或屋面活载(不考虑屋面雪载)标准值；

W_k—风荷载标准值；

ΔT—构件或结构的温度变化(考虑温度效应)；

γ_G—永久荷载分项系数，取1.0；

γ_{Qi}—楼面或屋面活载分项系数，取0.7；

γ_W—风荷载分项系数，取0或0.3，选不利情况；

γ_F—温度效应的分项系数，取1.0，选不利情况；

C_G、C_{Qi}、C_W、C_F—分别为永久荷载、楼面或屋面活载、风载和温度影响效应的效应系数。

弹性模量和强度指标随温度变化的关系按照《建筑钢结构防火技术规程》（上海标准）取值。

因火灾发生时，屋顶结构温度升高幅值较小，相应的材料弹性模量和强度折减不多。经复核，构件满足强度要求，应力比如图4-32。

经复核，屋盖双向张弦空间结构在火灾时能够满足预定目标要求，且此目标与采用膨胀型防火涂料的防火安全水平一致。对于双向张弦空间结构由于其空间作用明显，内力重分布能力强，有利于结构抗火。省去防火涂料，节约工程造价，节省工期，为建筑提供了更好的艺术效果。

5. 关键节点设计

针对新型双向空间结构，其索节点的受力要求较单向

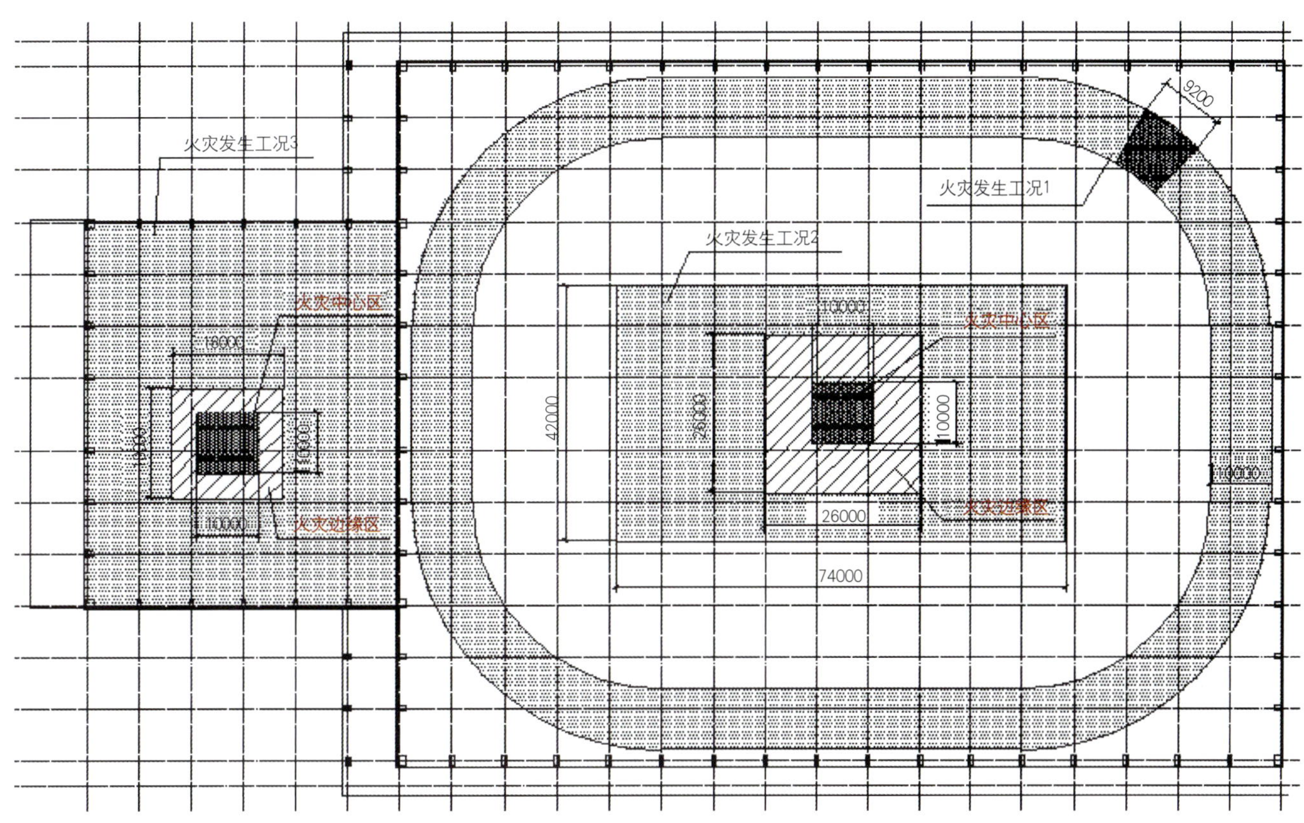

4-31 火灾工况分布

张弦结构有较大区别，因本项目是国内外第一个大型双向张弦结构，国内外没有类似节点供参考，为此研制了新型索节点，并成功应用，现已经获得了国家专利。

单向张弦梁（桁架）结构为平面体系，桅杆上、下端节点仅要求在受力平面内转动，本工程采用双向张弦结构，桅杆的上、下端节点应能够空间转动，这样就增加了节点构造

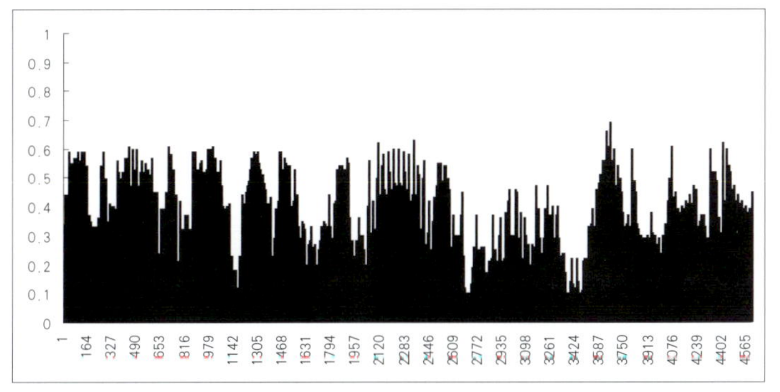

4-32 火荷载工况二 构件应力比

的复杂性。另外，本工程中钢索张拉端和锚固端节点受力复杂，内力特别大，关系到整体结构的安全，也是本工程中的关键节点。

（1）桅杆（撑杆）下端节点—索夹节点

桅杆下端节点除连接桅杆外，还连接钢索，是非常关键和重要的节点。其中在比赛馆中间区域，桅杆下端节点连接东西方向双根钢索和南北方向单根钢索；在比赛馆角部区域，桅杆下端节点仅连接东西方向双根钢索。桅杆下端节点应具有如下必要的特性：可连接双向钢索；可万向转动，承载力高，节点的受力及变形能力均符合理论计算分析模型；构造简单；标准化程度高，易于制作；便于施工安装、就位；具有较强的推广应用价值。

基于以上要求，我们开发了万向转动索夹节点。图4—33是中心区域典型桅杆下端节点示意图。节点由以下部分组成：① 机加工件1～3，平面为直径550mm的圆形，机加工件1、3在单面机械加工成内凹的半球面和半锥形槽，机加工件2在双面机械加工成内凹的半球面；② 机加工的空心半球，通过高强螺栓固定钢索；③ 聚四氟乙烯板，设置在半球和机加工件之间，减小摩擦力；④ 高强螺栓，用于机加工件之间的连接和空心半球之间的连接。图4—34是机加工件3和东西方向钢索及半球的关系示意图。由于机加工件1～3之间组合成锥形长孔，使钢索可以空间转动，不会在桅杆下端产生弯矩。

另外，撑杆下端节点（图4—35）的拉索和钢球之间的还必须具备足够的抗滑移能力。根据建筑师对体育馆内部空间效果的要求，撑杆的方向垂直于地面，而不是垂直于拉索，

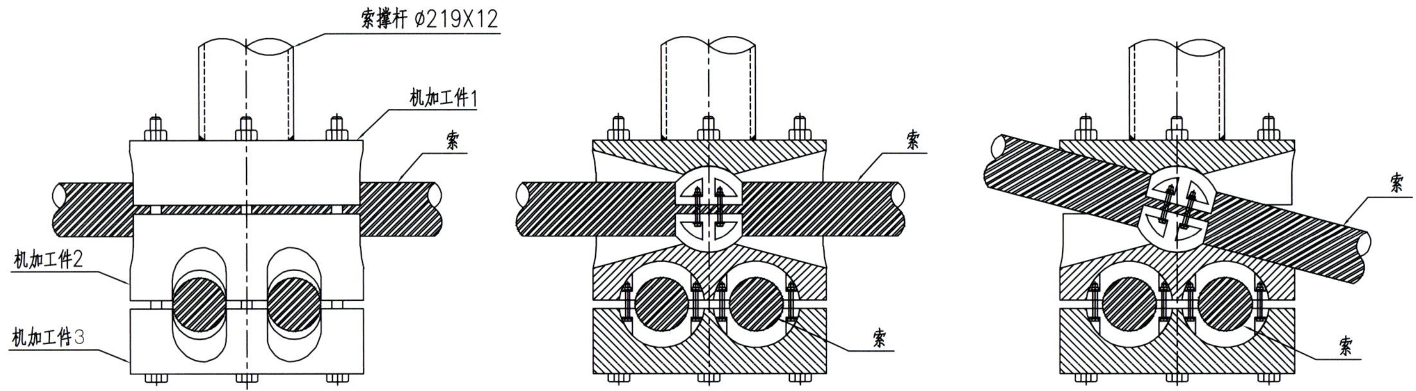

4-33 下端节点图剖面

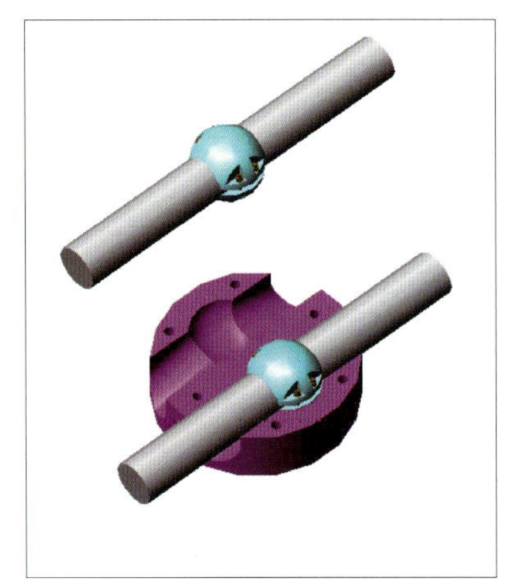
4-34 索夹与球夹

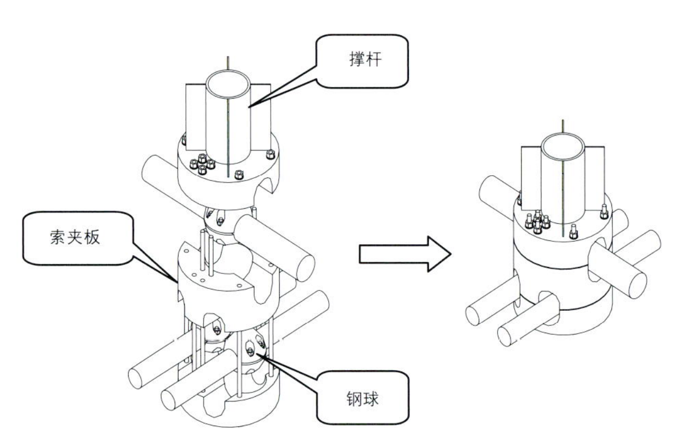

4-35 撑杆下端节点组

这样，撑杆的轴向压力会在节点处对拉索产生一个切向力，根据整体计算结果，单根钢索的切向力最大值可达到35kN。钢球与拉索的连接如图4–36所示，两个半球之间靠4个M16高强螺栓夹紧，切向力主要靠钢球和拉索之间的摩擦力来抵抗。为了保证钢球与拉索之间不产生滑动，要求钢球与拉索PE层之间、PE层与拉索内部钢丝束之间的摩擦力能够抵抗切向力的作用。

经对节点的局部承压、抗剪、抗滑移验算，节点满足强度要求。

（2）桅杆上端节点

撑杆上端与桁架下弦矩形钢管相交处相连。由于下弦拉索沿两个方向布置，所以在施工过程中和使用状态下，当荷载变化时，撑杆有可能同时沿两个方向发生转动，因而要求撑杆上端与矩形钢管的连接节点具有双向转动能力。桅杆上端节点设计为万向球铰节点，具体构造如图4–38所示，主要由三个机加工件组成。图4–37是机加工件1的实体图，顶部为

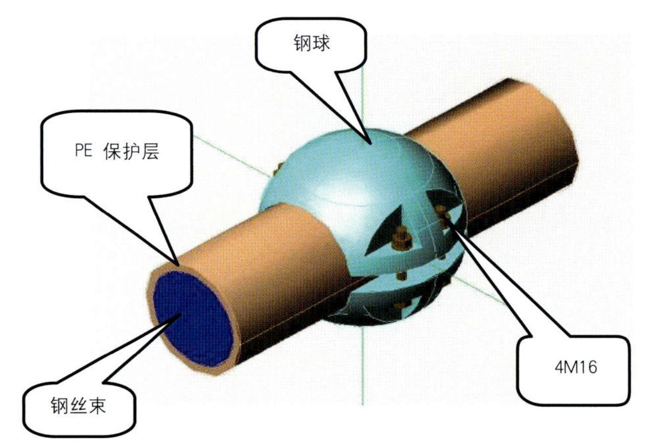

4-36 钢球与拉索连接示意图

球面，下面平板连接桅杆上端，其中球面镀铬；机加工件3焊接于网架的下弦杆件上，其内凹球面与机加工件1的球面配合，满足空间转动要求；机加工件2的作用为固定机加工件1，桅杆一般受压，只有在桅杆受拉的特殊情况下机加工件2才起到固定作用。对节点进行局部承压计算，满足强度要求。在实际施工中，为了减小球面之间的摩擦力，在机加工件1和件3之间增加了一层很薄的聚四氟乙烯板。节点构造简单、安装很方便，转动灵活。

（3）索端铸钢节点

钢索端部节点构造复杂，受力特别大，采用了铸钢节点。根据钢索端部位置，索端节点有以下三类：第一类为连在支座上、东西方向的索端节点；第二类为跨中东西方向的索端节点；第三类为跨中南北方向的索端节点。节点强度由有限元分析确定。

在此类节点设计时，有几个问题必须注意：预留的穿索孔直径必须大于钢索锚头的外径；端部承压面应与钢索方向垂直；跨中的索端必须预留出足够的张拉锚固施工操作空间；对铸钢节点的空腔内部喷射防腐涂料，并在钢索施工完毕后对穿索孔口部进行柔性封闭。图4—39是索端铸钢节点，从图中可以看出对直径较大的钢索端部节点，下弦矩形截面有所加宽，这样既满足了节点合理受力的要求，又协调好了索管相交的关系，同时保证了建筑美观。

四、屋盖结构带索累积滑移的施工过程介绍

根据现场施工条件、施工工期和钢结构屋盖的外形特点，采用了沿屋盖短跨方向带索同步累积滑移的施工工艺，主要流程如下：地面分段拼装→高空逐榀组装→预紧纵索→携带横索同步累积滑移→分步对称张拉钢索→固定支座。屋盖结构在滑移过程（图4—40）中，其受力状态是变化的，它

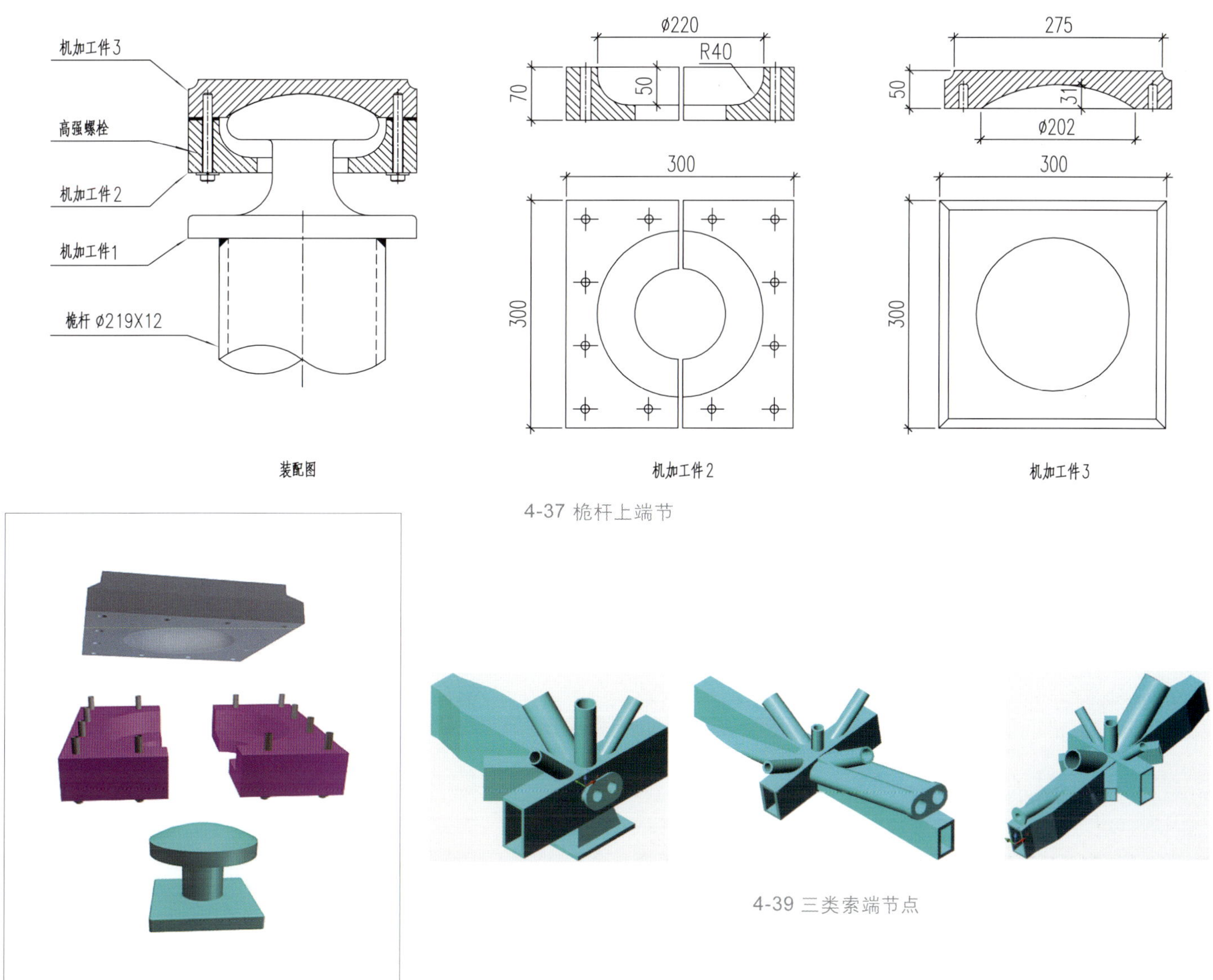

4-37 桅杆上端节

4-38 桅杆上节点实体图

4-39 三类索端节点

与设计状态完全不一样，整个结构体系是逐步建立的过程，期间存在着结构转换，部分杆件受力特性可能发生较大改变，因此为保证屋盖结构在累积滑移施工过程中的安全，我们将施工工况作为屋盖结构设计中的重要部分，对其进行了详细的计算分析。

在累积滑移过程中南北向索的预紧力为索预应力值的10%。在比赛馆和热身馆屋盖结构全部安装到位后，开始张拉预应力。预应力施加分2级，第1级施加80%，第2级施加20%。第1级由两边往中间对称张拉，第2级由中间往两边对称张拉。

预应力张拉前为避免屋盖结构的刚体位移，减少预应力张拉对屋盖结构及下部结构的影响，仅将两点支座固定；预应力张拉完毕后，各个支座处均发生了相应的水平位移，此时再根据实际所发生的位移以及屋盖结构各工况的分析结果确定支座固定就位的合理位置（图4—41～图4—43）。

本工程采取累计滑移的施工方法在下部主体框架结构未施工完成时，提前3～4个月插入钢屋架安装，钢屋架的高空滑移组装，与下方现浇混凝土看台板同步施工，立体交叉作业，缩短了总体工期。

五、 屋盖结构模型试验介绍

为了解本工程新型空间结构的受力性能，验证设计的正确性，为施工过程提供可靠依据，对比赛馆屋顶进行了1：10的整体模型试验（图4—44～图4—46）。主要试验研究内容如下：

1）通过静力试验研究在不同荷载工况下屋顶结构的变

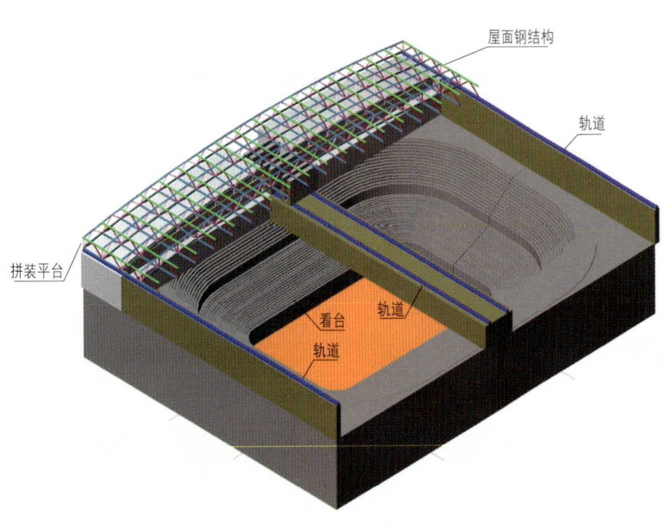

4-40 施工滑移示意

4-41 索节点

4-42 顶棚结构

4-43 悬挂马道

4-44 模型试验

4-46 测索力与监测、记录

形、应力性能等。

2）对结构基本动力特性进行试验，如自振频率、基本振型等。

3）通过模型试验，研究不同的预应力钢索张拉方案的特点，根据试验结果确定安全、有效、经济的预应力张拉方案。

4）进行结构极限承载力试验，研究双向张弦网格结构的破坏机理，找出结构的薄弱环节。

5）通过模型试验模拟施工的支撑状态，验证预定预应力张拉后的自然卸载方案的可行性。

6）通过模型试验模拟预应力施工安装情况，为制定本工程预应力部分施工验收标准提供依据。

7）研究更换钢索时双向张弦空间结构的特性及安全性。

对国家体育馆屋盖双向张弦桁架结构进行1：10缩尺模型试验研究，验证分析模型的正确性，内力、变形、应力的试验结果和理论分析结果比较吻合，测试了结果的动力特性。

4-45 试验加载

对不同预应力张拉方案进行测试，均能达到预期理论计算结果，为确定实际张拉方案提供了可靠的依据。通过超载试验，得到了结构的承载力，找出结构的薄弱环节，验证实际施工预应力张拉后的卸载方案的可行性，为制定本工程预应力部分施工验收标准提供依据。

对屋盖结构所涉及的部分节点进行足尺试验研究，进行了撑杆下节点的抗滑移、转动、承载力性能足尺试验研究以及钢索用高密度聚乙烯护套材料（PE）的抗压、抗剪、抗压弹性模量等性能试验、进行钢索与高密度聚乙烯护套材料（PE）粘结力试验、进行索夹与PE材料的摩擦试验，验证节点的安全性。

六、 施工现场监测

为保证屋盖双向张弦结构的安装精度及结构在施工过程中的安全、保证钢索的预应力状态与设计相符、保证各项创新技术的可靠实施、保证整个结构始终处于受控状态，我们对屋盖结构在施工的累积滑移过程、预应力张拉过程、铺设屋盖覆盖材料和安装吊挂物过程的应力与变形进行了监测。这也有助于研究结构的受力反应，将实测数据与各阶段的理论计算分析进行比较验证，找出相关规律，积累经验。

1. 屋盖结构竖向位移实测（图4–47、图4–48）

2. 屋盖结构实测竖向位移与计算比较

实测结果与理论结果吻合较好，变化规律一致，如图4–49）。

七、 长期健康监测

1. 长期健康监测目的和意义

国家体育馆屋盖双向张弦空间网格结构跨度为

114m×144.5m，建成后成为目前国内外同类结构中跨度最大的双向张弦桁架结构。由于缺少相关研究成果和其他工程应用经验，为确保本工程的安全先进和顺利实施，深入研究此类型结构在施工过程及正常使用时的受力和变形特点，有必要进行结构永久健康监测；在北京奥运会期间，国家体育馆担负着重要比赛任务，在结构上布置永久监测设备，可以随

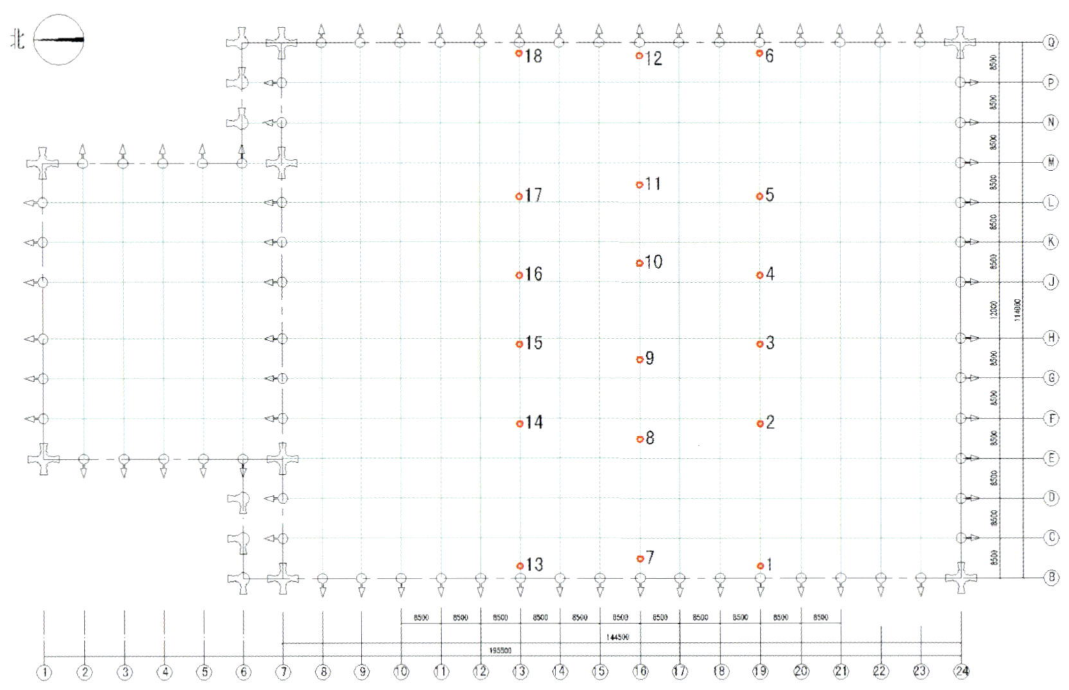

4-47 钢屋架下弦竖向位移观测点布置

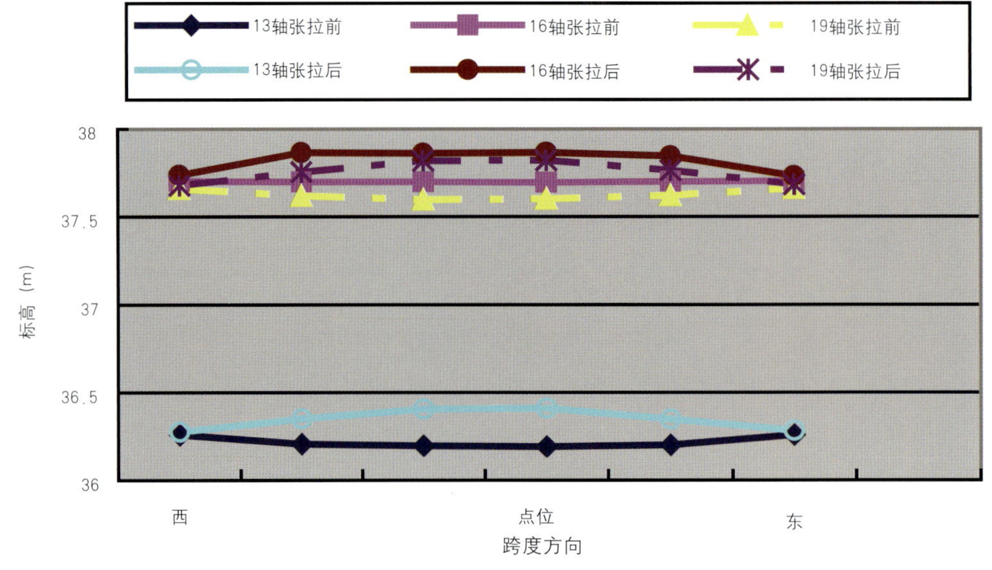

4-48 张拉前后实测挠度比较

时查看结构的受力，从而有效地保证奥运会的顺利进行；除了在奥运会期间担负重要比赛任务外，国家体育馆赛后还需要满足多功能的使用要求，将承担重要的纪念性集会和大型

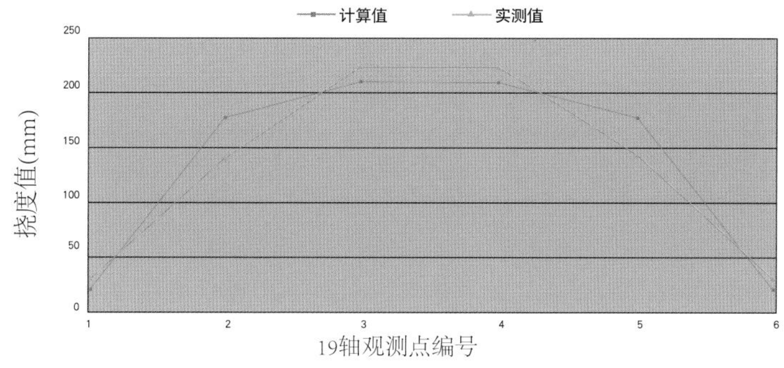

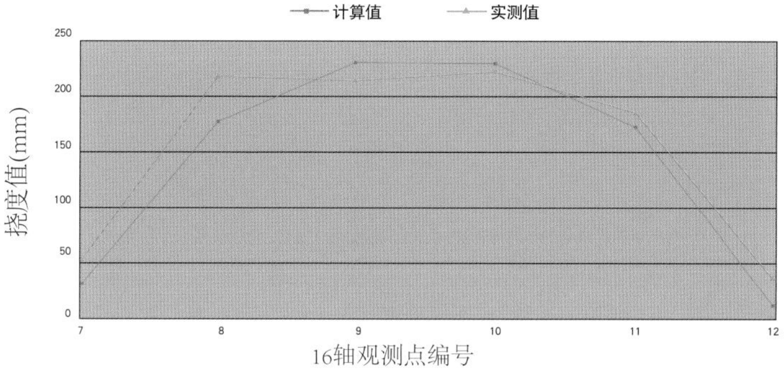

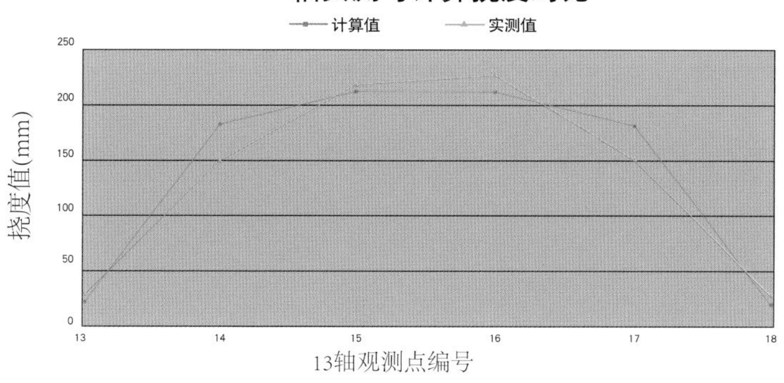

4-49 实测竖向位移与计算对比

文艺、体育演出任务，因而预期吊挂物重量大、分布广、不确定因素多。对结构进行永久健康监测，则可以监测在设计不可预见的荷载作用下结构的受力情况，从而保证国家体育馆能够长久地为社会服务。

综上所述，在使用过程中对重要的结构杆件、钢索进行长期的监测（平时定期监测，重要活动时加强监测）是非常必要的，它可使屋盖结构始终处于有序的掌控之中，使用者可以根据构件的状态随时调整，必要时进行相应的处理，使屋盖结构始终处于健康状态。

2. 监测方案

（1）测点布置

国家体育馆屋盖为双向张弦结构，拉索和钢结构为主要受力构件，所以选取适当的测点对索力和钢结构应力进行安全监测，就显得尤为重要。测点布置主要遵循三个原则：第一，测点布置首先要涵盖整个钢结构应力及索力出现最大值的位置。这些位置可以通过理论计算获得；第二，通过对整体结构应力最大值以外的地方布置测点，用以描述整个结构的受力分布及其变化趋势。通过这些测点，可以从宏观上把握结构的整体受力情况；第三，测点布置应该能够监测整体结构下的某一完整的子结构。具体起来，索力测点和钢结构测点应尽可能放在同一榀张弦结构上，这样通过对几榀张弦结构比较系统的监测及局部分析，可以推测剩余各榀的受力情况，进而把握整个双向张弦结构的受力分布及变化趋势。

共布置测点94个，其中：钢构件应力监测点88个，索力监测仪器6个。索力监测仪器布置在15、19、J和M轴索端，这些轴的钢索长度因安装压力传感器而增加，锚固端需要增加空间。

（2）监测仪器

① 应力监测（图4—50、图4—51）

国家体育馆永久健康监测所使用的应力监测仪器由两类组成：锚索测力计和振弦式应变仪。均为美国基康公司生产的仪器。

② 变形监测

建筑物在使用过程中的变形能够反映结构的宏观受力情况，因此需要对建筑物进行变形监测。对于国家体育馆屋盖结构，其竖向变形为监测重点。

竖向变形监测采用两种方法，一种方法为传统的全站仪监测，另一种为连通器式竖向变形测定仪。根据理论分析结合模型试验，在采用第二种监测方法时测点的布置如图4—52。

（3）数据采集系统

由于建筑物永久健康监测的周期与建筑物使用年限匹配，所使用的数据采集设备需要永久地放置在建筑物上，从而对数据采集设备提出了较高的要求。鉴于此，国家体育馆永久健康监测使用了澳大利亚DATATAKER系列数采设备。

数据传输采用两种模式，一种为通过计算机串口直接与

DT615通讯端口连接，在现场直接获得数据；一种为远程通过GPRS手机网络无线数据透明传输获取数据。

另外，专门为国家体育馆工程监测编制了系统性能稳定、可靠性高，测试精度满足要求的数据采集与处理软件。生成的数据能够以数据库形式保存并可进行历史数据查询，还可以直接生成EXCEL或其他形式报表，同时具有数据越限报警功能。

国家体育馆的永久健康监测通过应用GPRS通讯技术来自动采集监测数据，确保了通讯数据的可靠性和实时性，实现真正意义上的远程监测。

（4）监测时间点设置

健康监测的目的是保证结构建成后的安全运行，通过分析监测数据能够对结构出现的特殊情况作出反映，尤其是在奥运会举行期间，必须确保结构安全。

根据实际需要，我们从以下几方面考虑制定监测时间点及监测频率：

健康监测的开始点为钢结构在东侧胎架上时，此时钢结构受力很小，可以作为结构零应力状态。预应力施工完成后，屋面安装和各种荷载变化较大，此时增加采集频率，对结构应力、变形和索力进行重点监测，为每小时采集数据一次；结构完全成型以后的正常承载情况下，实行24小时不间断监测，但频率适当降低，为每天采集数据四次；国家体育馆是为奥运服务的重点场馆，因此在奥运会召开前一个月提高数据采集频率，一直持续到奥运会结束，为每30分钟采集数据一次，对结构进行实时监测；当出现特殊荷载时，比如出现演出吊挂、地震、大风、大雨、大雪、冰雹等自然灾害时，需要临时设定监测时间及监测频率，基本为特殊荷载发生的期间及前后，以期了解结构的安全状态。

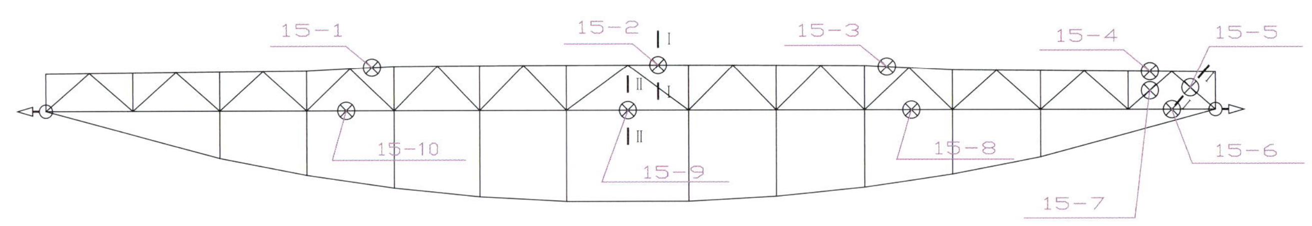

4-50 15轴钢结构应力测点布置及其编号

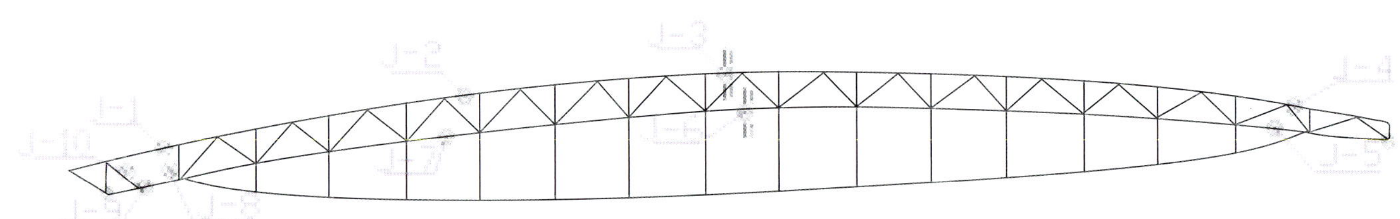

4-51 J轴钢构应力测点布置及其编号

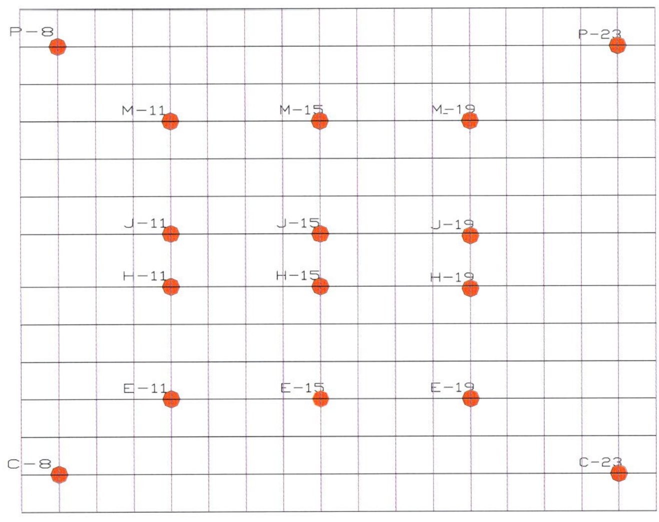

4-52 竖向位移测点布置（编号按照“横轴—纵轴”进行）

第五章 暖通空调系统

第一节 概述

一、设计依据

以国家现行的《采暖通风与空气调节设计规范》GB 50019—2003、《体育建筑设计规范》JGJ 31—2003、《国家体育馆奥运工程设计大纲》以及国际体操联合会技术规程、国际手球联合会技术规程为主要设计依据。

二、设计原则

国家体育馆冷热源方案设计原则：充分体现“科技奥运”和“绿色奥运”的理念，贯彻环保，节能，资源综合利用的方针，在满足功能要求的前提下力求经济合理、技术先进、安全可靠，高标准实现向国家体育馆提供可靠的能源供应，提供所需的全部空调、采暖和生活热水冷、热源。

三、设计范围

空调冷源系统、采暖空调热源系统、空调系统、通风系统、采暖系统、水源热泵系统、防火及防、排烟系统、空调DDC自动控制系统。

第二节 系统介绍

一、冷热源设计

1.主体热源

体育馆赛时赛后空调最大热负荷为6009kW（不包括夏季空调再热量），供暖系统（兼作值班供暖）热负荷为900kW，其中地板供暖为700kW，散热器供暖为200kW，生活热水最大负荷为600kW。

主体一次热源采用市政热力管网提供的高温热水，供、回水温度冬季为120℃/70℃，夏季为70℃/40℃。

在地下1层设置两个热力站。1#站内设有空调供暖换热器，冬季提供60℃/50℃空调供暖热水。2#站内设有生活热水换热器，全年提供55℃生活热水。

2.主体冷源

体育馆夏季最高总冷负荷为10396kW，制冷站设在地下一层南侧，冷却塔设在热身馆屋顶上。制冷站内设置3台2989kW（850rt）和1台1758kW（500rt）离心式冷水机组，供、回水温度为7℃/12℃。

3.辅助冷热源

(1)水源热泵机组的选择

观众区夏季赛时空调需要再热，从运营成本考虑不宜在夏季采用市政热源；市政热力检修期生活热水还需要备用热源；主体冷源冷机虽然考虑了空调冷负荷的变化设置了大、小冷机，但仍不能满足无赛事和夜间等极低冷负荷时的调节要求；工程存在需由风机盘管系统全年供冷的内区，采用主体冷源供冷的系统冷却塔防冻问题不宜解决。为满足以上需求，经过方案比较确定采用能效比很高（COP值达到5.0）、并利用可再生能源的水源热泵作为辅助冷热源。

体育馆设有3台HD660B型水源热泵机组。其中2台机组（机组1）主要为夏季观众区赛时空调再热、冬季大型比赛或演出时内区供冷。另一台（机组2）专为生活热水提供热源。机组供、回水温度为65℃/40℃。

采用水源热泵机组可满足建筑物如下需求：

- 夏季观众区空调再热负荷；
- 夏季无比赛时附属用房的部分空调冷负荷；
- 全年或热力检修期生活热水加热负荷；
- 冬季建筑内区冷负荷。

水源热泵机组负荷分配及运行方案见表5-1。

(2)冷热源井的设置

采用单井抽灌方式，共设三口冷热源井，单井标准循环水量为100m^3/h。采用水源热泵系统，应考虑地下水温平衡问题，尽量保证夏、冬季的冷、热负荷量和时间的均衡。在无法做到单台机组冷、热负荷量均衡的情况下，采用井水连通方式，但如果生活热水常年采用市政热源，取热量仍大于释热量。

(3)水源热泵机组的热回收水环系统

夏季当水源热泵系统处于制热状态，如果主体冷源系统启动，主机冷却水温高于地下水温，采用主机冷却水作为水源热泵低位热源无疑能够提高热泵制热的能效比，且减少从

水源热泵机组负荷分配及运行方案　　表5−1

运行方案		单台机组制冷能力/kW	单台机组制热能力/kW	夏季		冬季	
				需热量/kW	需冷量/kW	需热量/kW	需冷量/kW
机组1	夏季有比赛时空调再热、冬季内区制冷	568	635	1000			846
	夏季无比赛时制冷、冬季内区制冷				1136		846
机组2	全年生活热水	568	635	600		600	

注：根据运行实践，机组2可常年运行，也可仅在热力检修期运行。

地下水的取热量。

当热泵系统同时具有冷、热负荷的需求时，如能通过制冷水源热泵的冷凝器获得热量、制热水源热泵的蒸发器吸收热量，并通过冷热源井吸收和释放热量进行调节，则系统的综合能效比更高。因此组成了热回收水环系统，见图5−1。

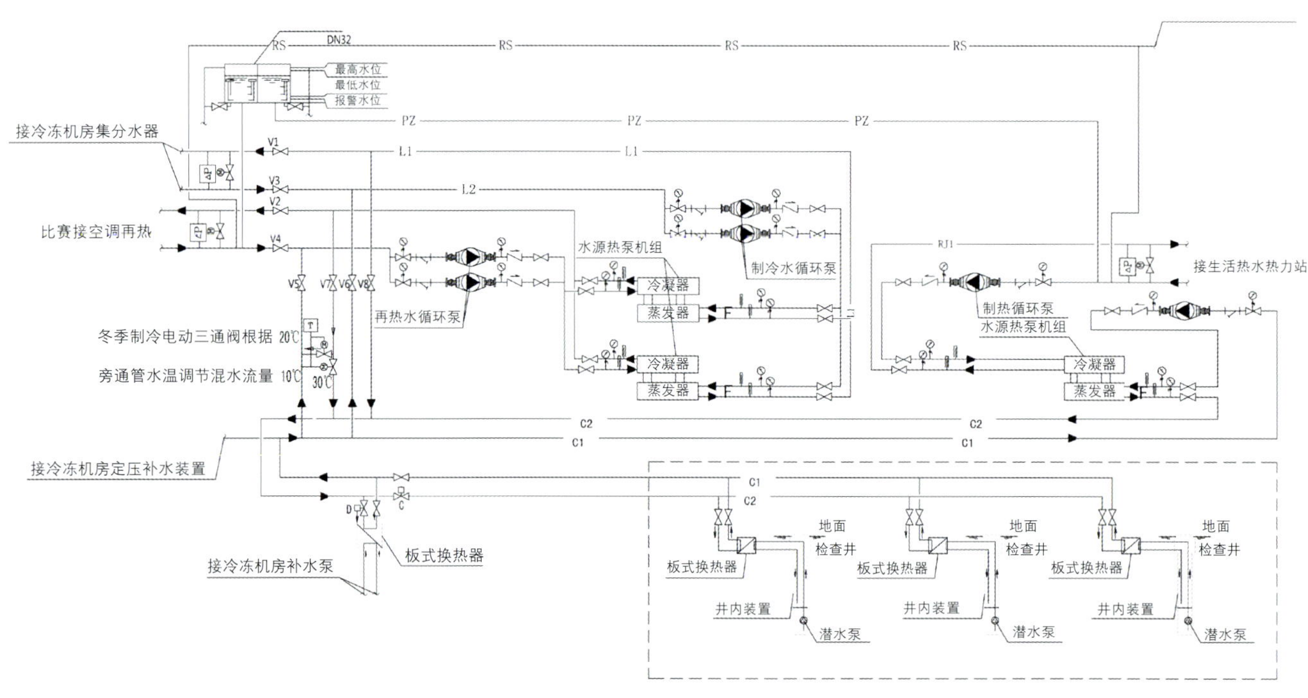

5-1　水源热泵机组的热回收水环系统示意

注：1.机组、制冷、开V1、V3、V5、V7，关V2、V4、V6、V8；制热开V2、V4、V6、V8，关V1、V3、V5、V7；
2.夏季机组制热：主冷机运行时，阀C关、阀D开，从主机冷却水取热；主冷机不运行时，阀D关、阀C开，从地下水取热；
3.机组同时制冷制热：调整运行井的数量至循环水温接近15℃。

二、空调水系统

(1)空调水系统为分区二管制，空调冷水采用一次泵系统，负荷侧为变流量，冷冻泵为定流量，采用压差控制器旁通水量。空调暖水系统采用变频调速变流量系统。

(2)空调共分为4个系统，各系统均为异程式，各系统分配如下：空调机组为一个系统；新风机组为一个系统；外区风机盘管为一个系统；内区风机盘管为一个系统。

(3)观众区空调水系统设有夏季运行的再热水系统，热水由水源热泵机组1提供。

三、空调采暖方案（表5-2）

空调采暖方案 表5-2

建筑物类型	空调采暖方案
热身场地、比赛场地、入口大厅、新闻发布厅	过渡季可送70%全新风的全空气空调系统
观众区	过渡季可送70%全新风的全空气空调系统，椅下送风，上部回风
办公、管理用房	风机盘管+新风系统（带热管式节能新风换气机组）
网络中心	风冷热泵型机房专用空调系统加新风空调系统
保安、楼宇控制、值班消防控制室	热泵型可变制冷剂流量的多联机空调系统加新风空调系统
电梯机房、网络配电室（部分）	独立冷源的分体式空调器
变电室、设备机房	全年设机械排风系统

四、采暖系统

（1）采暖热源由热力站提供，散热器采暖系统供回水温度85/70℃；地板采暖热水需将60/50℃空调水经混水装置混合成50/40℃热水后使用。

（2）为了维护外区各房间室内温度不小于5℃，保护消防设施，所有外区的房间及公共活动部分均设有值班采暖。

（3）休息平台、楼座入口门厅、二层观众入口大厅，首层职工食堂、VIP接待区等设地板辐射采暖，其他各层均设散热器采暖。

（4）各系统采暖均为双管异程式。

五、空调通风系统设计

1.夏季空气处理

比赛馆夏季空气处理过程采用二次回风加再热方式，如图5-2所示，为保证观众厅的舒适度并减少再热量，最终选择二次回风加再热方式，即室外新风与一次回风混合后（C1点），冷却处理至机器露点（L点），再加热至与热湿比线的交点（L′点），与二次回风混合后（C2点）送出。

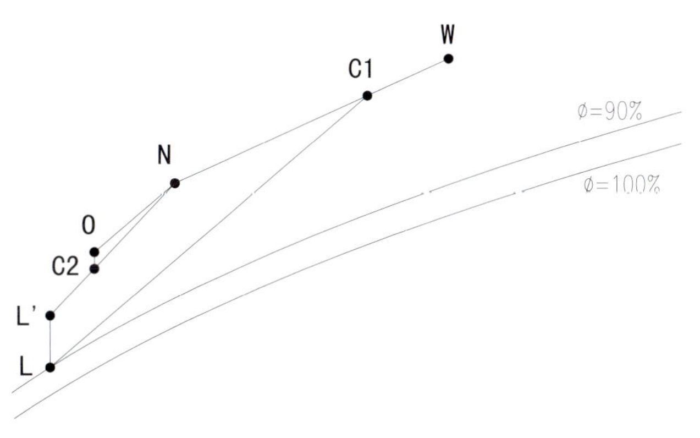

5-2 二次回风加再热空气处理过程

2.观众区送回风方式

观众区采用座椅下送风、上部回风、屋顶排风的空调通风气流组织方式。

座椅下送风通常送风设计温度低于室温2～4℃，考虑到座椅下送风静压箱安装尺寸的限制，结合精装修吊顶高度等多重因素，最终确定设计送风温差为4℃，加上管道温升1℃，空调机组出口温度比室温低5℃。

3.比赛区送回风方式

比赛场地设置独立的组合式空调机组，送风分别通过运动员入口处的喷口、侧墙上的送风百叶送至比赛场地，回风经侧墙上回风口回至空调机房。见图5-3。

4.分区空调

由于体操等比赛有可能在冬季举行，要求比赛场地温度达到26℃。由于观众区第1排座椅与最后一排座椅的高差近30m（图5-4），如果场地温度达到26℃，楼座最高排座椅处温度将会很高，无法满足观众的舒适性要求，且浪费能量。

设计采取分区空调措施，将观众席分为16个区，其中池座6个区，楼座10个区，共设置16台组合式空调机组。分区如图5-5所示。各区空调机组采用不同的送风温度，比赛场地、池座送风温度较高，而楼座则加大新风比且不需加热直接送入。

分区空调解决了冬季进行体操比赛时对场地温度的特殊要求，2007年12月举行“好运北京体操、蹦床国际邀请赛”时空调系统得到了检验，比赛馆温度符合要求。分区空调还为赛后运营时，由于观众人数不满采取分区售票提供了可能，可降低空调机组的运行成本，节约能源。

5-3 比赛场地喷口送风

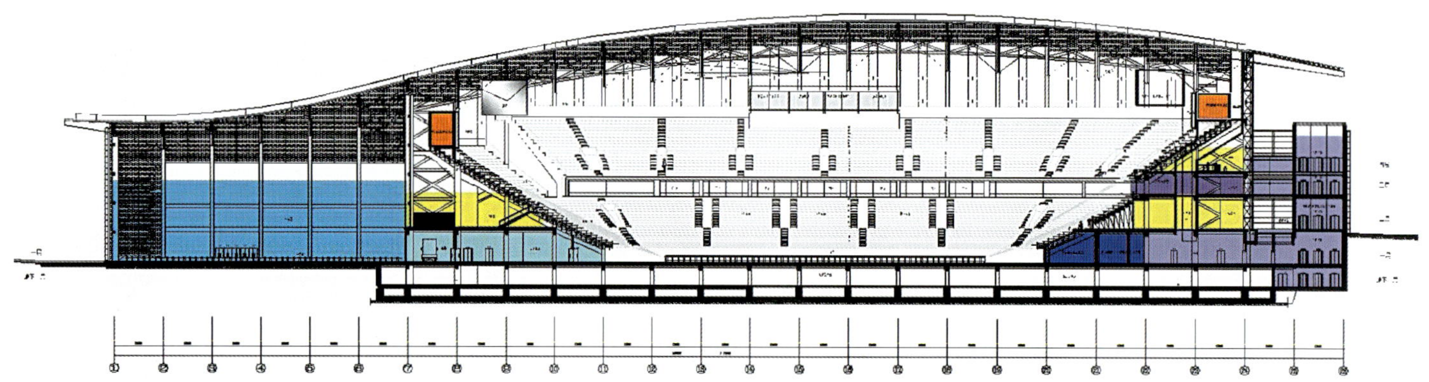

5-4 国家体育馆观众区高差示意

六、其他空调、通风系统

（1）地下机房新风，全部通过地下新风沟接入室内。

（2）赞助商包厢、休息室、媒体用房、办公室、会议室、比赛技术用房等设风机盘管加新风系统。

（3）热身场地空调系统采用单风机，送风由设在屋架下的送风管通过旋流风口送至热身场地，回风经侧墙上的回风口回至地下机房。排风由设在屋架下排风机排出室外。

（4）比赛场地空调系统采用单风机，送风通过入口处喷口送至比赛场地，回风经侧墙上回风口回至地下机房。排风由设在屋架下排风机排出室外。

（5）比赛场地临时座椅区空调系统采用单风机，送风由

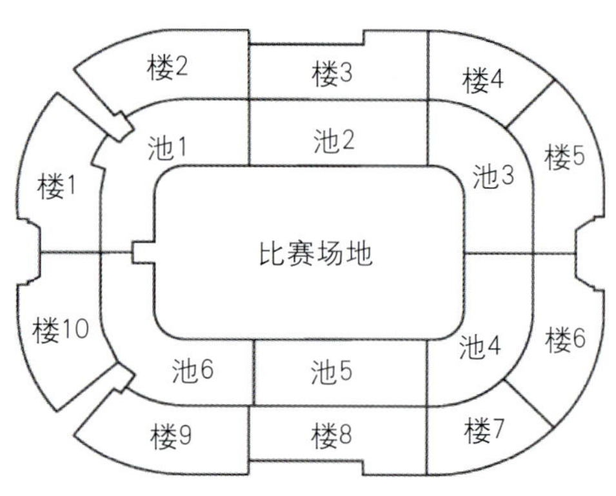

5-5 空调分区示意

侧墙上的送风百叶送至座椅下，回风经侧墙上回风口回至地下机房。排风由设在屋架下排风机排出室外。

(6) 新闻发布厅空调系统采用双风机，上部送风集中回风。

(7) 入口大厅空调系统采用单风机，上部喷口侧送风（图5–6），侧墙上的回风口回至地下机房。排风由设在屋架下排风机排出室外。

(8) 为贯彻《关于在奥运场馆及相关设施建设中率先实行公共建筑节能设计标准的通知》精神，风机盘管加新风系统中，设置了热管式节能新风换气机组，热回收量达到了总新风量的60%。一层办公室、管理等房间新风由新风空调器送至各房间，各房间排风集中回到新风机房经热交换后，排出室外。

(9) 三层赞助商包厢等房间、热身馆附属用房新风由新风空调器送至各房间，排风维持正压并压入走廊至各层公共卫生间由排风机排出。卫生间排风口处设带防回流阀的吊顶式排气扇。

(10) 卫生间排风由排气扇经风道由排风机排出室外。

(11) 一层厨房罩口排风及全面排风由设在8#楼梯间屋顶的组合式低噪声油烟净化机组净化并符合《饮食业油烟排放标准》后排出室外。补风由组合式新风空调器送入，新风空调器设在本层空调机房内。

(12) 地下一层设备机房、制冷机房、变配电分别设置送排风机进行房间通风。设备机房、制冷机房内分别设置温度传感器，当室内温度低至5℃时，停止房间通风。变配电预留分体空调电源。

(13) 人防区地下一层汽车库送风机与消防补风机合用，排风机与消防排烟风机合用。

七、防排烟系统

(1) 机械加压送风防烟系统：本工程防烟楼梯间设加压送风防烟系统，共设有12个防烟楼梯间，其中1#～5#、8#～10#按地上地下部分分设加压风机，送风部位为楼梯间送风，前室不送风。送风口形式为常开风口。

(2) 为防止楼梯间超压，采用如下措施：在楼梯间适当

5-6 入口大厅喷口侧送风

位置设置压力传感器，控制加压送风机出口处的电动旁通泄压阀，调节楼梯间的余压值。

（3） 机械加压送风管道穿越有火灾危险的房间及其他穿越防火墙处设置280℃关闭的防火阀。

（4）.机械排烟系统。

1）设机械排烟系统的主要位置：地下车库，长度超过20m的内走道，面积超过100m^2的无窗房间，热身馆及比赛馆大空间。

2）一般房间和走道排烟口为常闭式，车库总排烟风道上设常闭排烟阀，车库平时排风道火灾时关断、排烟风道打开。排烟口或排烟阀设手动和自动开启装置，由消防控制室控制（或与防灾系统联控）并与排烟风机联锁。

3）排烟风机入口、垂直干管与各层水平风道交接处，及穿越防火分区的排烟管道设280℃熔断的防火阀。风机入口处防火阀与风机联锁。

4）比赛大厅设机械排烟系统。

5）车库设置排风（排烟）风机和送风（补风）机，排烟与平时通风系统合用。

第三节 综合节能措施

（1） 选择名义工况制冷性能系数（COP）不低于5.10W/W的电离心式冷水机组，总制冷量9200kW，满足即将出台的《公共建筑节能设计标准》的要求。选择高效、节能的空调机组、水泵、风机等设备，满足即将出台的《公共建筑节能设计标准》要求的能效比，考虑技术先进、维护方便、经济合理等原则，体现科技、环保、可持续发展的理念，并兼顾赛后利用。

（2） 由于本建筑存在需要全年供冷的区域，并考虑到非赛时用冷负荷较小，需设置2台1000kW电制冷机组。为提高能效比，选用水源热泵机组，COP值达到5.0W/W，比相应的离心式、螺杆式电制冷机组的能效比高。《公共建筑节能设计标准》规定数值分别为4.7W/W、4.3W/W。

（3） 水源热泵机组作为建筑物生活热水热源，提供约1100kW热量，占总供热负荷的14%，COP值为4.2W/W，比采用电锅炉作为辅助热源提高了能效比（电锅炉能效比小于1 W/W）。

（4） 观众区采用过渡季可送70%全新风的定风量全空气空调系统，充分利用室外自然冷源。

（5） 新闻发布厅等大空间采用过渡季可送100%全新风的双风机定风量全空气空调系统。

（6） 看台下部采用风机盘管+新风系统的内部房间，设置排风热回收装置，充分利用排风中的热量和冷量对新风进行预加热和预冷却，最大限度地节约能源。

（7） 观众区采用座椅下送风的分层空调方式，仅维持高大空间下部室温，节省能量。

（8） 分区空调：将观众席分为16个区，分别设置空调通风系统，方便控制，节约能源。

（9） 加强建筑用能系统的（运行）管理，提高运行效率以降低建筑能耗。

（10） 合理采用变频控制技术，实现水系统变流量运行，节省电耗。

（11） 建筑设备监控系统。在国家体育馆采用建筑设备监控系统的设计，充分考虑场馆内的自然通风和自然采光情况，最大限度地降低能源消耗，在节省能源和资源、通风、空调、照明设备的应用等方面进行优化设计，树立环保节能的典范；系统设计采用先进、成熟、可靠的技术，同时具有可扩展性、开放性和灵活性；充分考虑各类人员对环境的特别需求，通过对体育馆内空调、通风、照明等设备的监控，建立适宜的健康环境，保证奥运会的正常进行，并降低赛后的运营成本，使场馆运营在最佳经济状态。

（12） 系统功能。系统通过监控网络对国家体育馆内的空调系统、送/排风系统、冷热源系统、给排水系统、变配电系统等机电设备进行工作状态的实时监视和控制，以达到节约能源，保护环境之目的，同时做到运行安全、可靠，节省人力、物力。

（13） 体育馆用地红线内的雨水全部收集，收集后雨水用于室外绿化。如果室外雨水储水池有雨水，则关闭市政中水给水管上的阀门，优先使用再生雨水。雨水储水池没水后，再使用市政中水。

第六章 电气系统设计

第一节 供配电系统设计

一、设计原则

供配电系统的设计，要求系统结线简洁，层次清晰，有利于提高供配电系统的可靠性和经济性；变压器容量的确定，要有利于系统在日常状态及比赛期间的综合经济运行和维护，划分变压器负荷时，将赛时负荷与场馆运营负荷区分开来配置变压器，以便赛后运营期间达到经济运行的目的（图6－1）。例如：将场地照明负荷细分开，赛时占总负荷的3/4，赛后运营占总负荷的1/4，分别由工艺变压器和运营变压器供电，这样，在赛后场馆运营期间，切除掉赛时变压器，只投入运营变压器维持场馆运营，尽可能降低运营成本，达到经济运行的目的。

二、变配电系统

1．电源

电源分别引自安慧站110kV变电站及惠祥站110kV变电站。采用10kV电缆由上述两个变电站分别各引一路引入国家体育馆电缆分界室，10kV系统为中性点经低电阻接地系统。

2．分界室

高压电缆分界室设在首层，设有层高2.2m的电缆夹层，两组兀接柜分别向1[#]变电室内的高压柜供电。

3．变电室

设置两个10kV变电室，其中1#主变电室设在首层南侧，2#分变电室设在地下一层北侧；1#变电室设有2.2m的电缆夹层，进出线下进下出为主；2#变电室不设架空层，进出线电缆采用上进上出的方式。

4．高压为10kV低电阻接地系统

采用金属铠装中置式手车柜，真空断路器遮断容量为25kA，弹簧储能机构，直流操作电源为220V。直流屏电源由低压配电屏引接。

10kV高压系统采用单母线分段结线方式，分列运行，双路高压电源同时运行互为备用，当一侧电源非事故失电时，通过母联断路器，由另一路电源向全部负荷供电。母联断路器为手动投入、自动投入、手动复位功能，自投回路设有选择开关，根据需要，切换到自动或手动操作位置。

当经供电部门允许高压母线分段断路器自投时，其自投条件如下：

1）当一路电源停电同时另一路电源有电时，母线断路器自投装置方可启动保护；必须经延时断开失电侧进线断路器，再经延时自动关合母线断路器。

2）进线断路器因过流、零序保护动作而跳闸时，不允许关合母线断路器。

3）保证自投装置只动作一次。

4）当人为停电而断开进线断路器时，母线断路器的自投装置不应动作。同时为保证操作运行安全，尚应具备以下电气闭锁：

① 进线断路器与进线隔离车，计量柜闭锁。

② 高压进线断路器与母线断路器、母线隔离车闭锁。

③ 非奥运会期间，高压供电电源不允许并列运行，母联与两路进线断路器闭锁。但在奥运会期间，由供电部门发出指令情况下，可实现合环操作，奥运会后恢复正常闭锁。

2#变电室内的变压器保护设在1#变电室高压馈出柜内，在2#变电室采用高压开关柜，设置不设保护的高压真空断路器，作为变压器的隔离电器之用，采用交流操作，弹簧储能机构。高压侧变压器保护由1#变电室变压器出线回路的真空断路器完成，变压器温度保护及变压器误开门报警采用就地解决方式。

5．继电保护

采用综合继电保护器，其功能为：主进断路器采用定时限电流速断、定时限过流、低电压、零序保护；高压母联断路器设短路保护、合环及备自投；变压器保护设速断、定时限过流、温度报警、超高温跳闸及零序保护。

6．计费方式

根据供电方案，本工程用电性质是商业用电。高压侧每

路电源进线处设计量电光总表及峰谷表，并安装电量远程采集装置。

7. 负荷控制方式

装设无线电负荷管理装置。

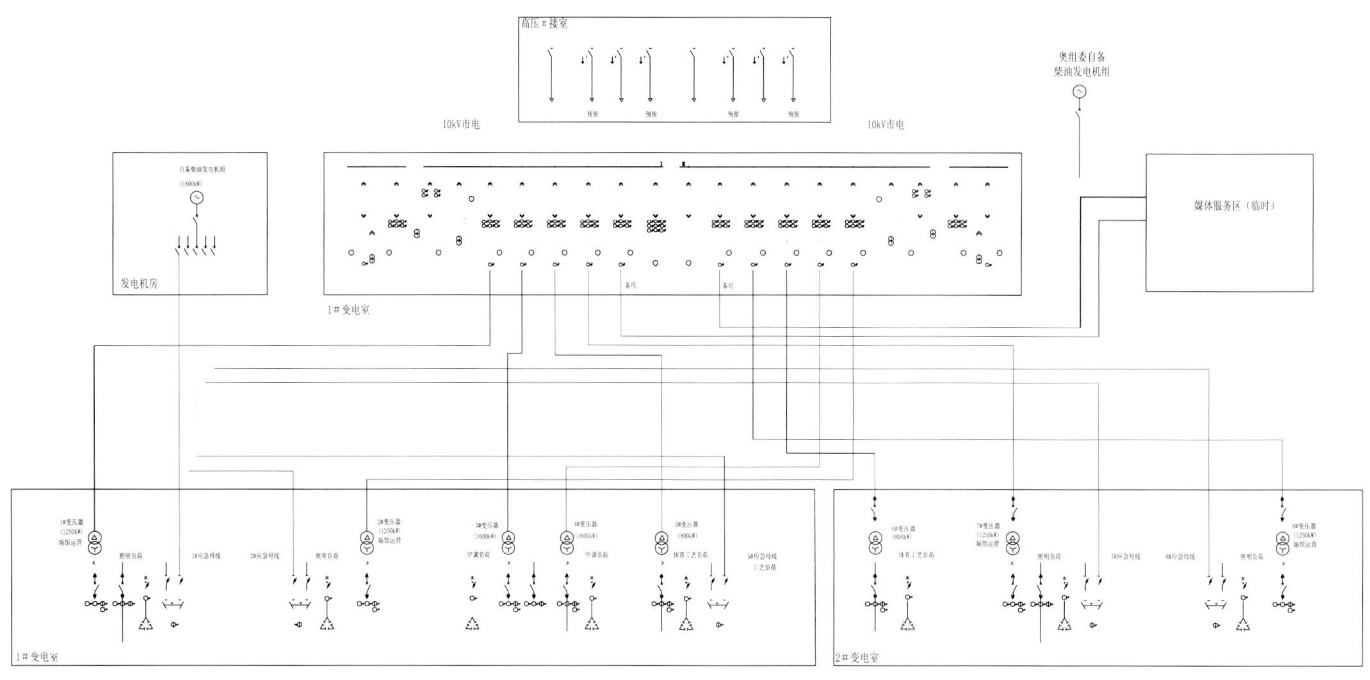

6-1 供电系统图

三、变压器

本工程采用高压铜线/低压铜箔绕组，电压10kV/0.4kV，50Hz，DYn11结线，Ud为6%，电压调节范围10＋3x2.5%到10－1x2.5%的环氧树脂浇注SCB口型包封式线圈F级树脂绝缘干式变压器。要求配防护外壳防护等级为IP20，强制风冷，带温度自动显示及报警。共采用2台800kVA、4台1250kVA、2台1600kVA变压器。

四、低压配电系统

（1）变压器低压侧0.4kV采用单母线分段结线方式，分列运行，母联断路器设有延时自投自复、自投手复、手动投入方式，并具有电气闭锁。低压母联断路器平时以自动方式为主，并设有手动及自动选择开关。

（2）母联断路器设选择性保护，当母联断路器自投时有0～15s的延时可调，当低压侧主断路器因过载及短路故障跳闸时，不允许自动关合母联断路器。低压主断路器与母联断路器有电气闭锁。

（3）低压侧主进断路器设有选择性保护。

（4）电容补偿：采用低压自动补偿，功率因数补偿到0.98以上。电容器选用干式全膜金属化电容器，并设有过电压可自动切除的保护装置。要求电容器每部投入≤30kV。

（5）由于体育工艺用电对电源的供电可靠性和连续性有特殊要求，例如场地照明金属卤化物灯光源对电源断电间隔有较严格的要求，故在本设计中对体育工艺低压配电主结线采用单母线分段运行，不设联络开关，2台工艺变压器及工艺母线段分别设置在1#和2#变电室，一方面可降低由于低压线路过长引起的电压损失，另一方面采用专用电缆送电末端切换，同时配置在线式EPS，减少由于在变电室低压母联切换引起的工艺设备瞬间失电现象，保证应急转播照明的供电可靠性和连续性。

（6）体育馆内设置柴油发电机组作为一级负荷中的特别重要负荷的应急电源，设置五段应急母线，这五段应急母线除可由双路市电供电外，还可当市电失电后由备用柴油发电机自动投入供电，以保证重要负荷的用电可靠性。其中，2#、3#应急母线为体育馆的消防负荷供电，如：消火栓泵、喷洒泵、水炮泵、防排烟风机、消防电梯、应急照明等；1#、3#应急母线为比赛期间的场地照明、场馆内非消防类特别重要负荷供电；5#应急母线为比赛、转播、通信等赛时期间的体育工艺类特别重要负荷供电，如：场地照明、LED显示屏、计时记分系统、媒体席用电等。

（7）媒体服务区设有为电视转播专用的媒体服务区专用应急母线，由奥组委自备并由临时发电机供电，本设计只预留10kV电源条件作为其备用，保证BOB要求的赛时媒体用电。

（8）奥运会期间的媒体服务区、评论员席和评论员控制室的应急电源设备由奥组委自行提供。在奥运会期间，还可以根据特殊要求，将5#应急母线段也与奥组委临时发电机接驳。

五、变电所智能监测系统

（1）设置变配电智能监控系统，对体育馆的供电设备及负荷情况进行监测，并通过系统集成将该系统纳入体育馆建筑设备监控系统中，实现对体育馆变配电系统进行监测和能源管理。

（2）变配电监测系统具体监测内容包括：实现远方遥测、遥信及远程视频监控。

① 信号采集（遥信）内容

a.所有10kV进、出线、母联断路器状态、手车位置信号及接地开关状态；

b.每一套10kV微机保护装置动作发出的保护动作信号：延时/速断过流保护动作、零序电流保护动作、过电压保护动作、低电压保护动作、温升保护动作；

c.10kV电源合环保护装置动作信号；

d.10kV母联备自投动作信号；

e.0.4kV低压进线断路器、母联断路器状态信号、保护装置动作信号、母联自投动作信号；

f.0.4kV低压出线断路器位置信号；

g.干式变压器温度信号：变压器超高温报警；变压器冷却风机工作状态；变压器故障报警状态；

h.直流系统：提供系统的各种运行参数：充电模块输出电压及电流、母线电压及电流、电池组的电压及电流、母线对地绝缘电阻；监视各个充电模块工作状态、馈线回路状态、熔断器或断路器状态、电池组工作状态、母线对地绝缘状态、交流电源状态；提供各种保护信息：输入过电压报警、输入欠电压报警、输出过电压报警、输出低电压报警；

i.遥信技术要求：10kV进、出线断路器位置信号采集应使用开关辅助接点，终端采集装置对应此信号加一定的延时、防抖设置；0.4kV低压进线断路器位置信号采集应使用开关辅助接点，终端采集装置对应此信号加一定的延时、防抖设置。

② 数据采集（遥测）内容

a.10kV电源侧及母线三相线电压；

b.10kV进、出线柜及母联三相电流、零序电流；

c.10kV进线有功电度、无功电度、有功功率、无功功率、功率因数、频率、谐波含量等电参量；

d.直流母线电压（控制和合闸母线）；

e.0.4kV侧进线、母联断路器三相电流、有功功率、母线电压、功率因数、1～13次谐波含量。

③ 远方视频监视：变电室内装设远方监视器，监视值班室、高、低压设备正面、变压器温控箱正面。

④ 柴油发电机组：监视柴油机的转数；监视发电机的运行参数：发电机的输出电压、电流、频率、有功功率、无功功率、功率因数等；日用油箱的油量。

⑤ EPS不间断电源：将EPS不间断电源的运行监控系统接入本系统，实现对其检测与控制。

第二节 照明系统设计

1．照明种类

本工程照明分为一般照明、应急照明、应急疏散照明、比赛场地照明、室外广场照明、景观照明等。

2．照度标准（表6-1）

3．灯具选型、安装、控制方式

确定灯具形式时，选用节能型光源。一般照明以采用电子镇流器的节能型高效无眩光荧光灯为主，荧光灯光源一般采用T5型荧光灯管。

比赛场照明采用金属卤化物灯，体育场地观众席应急照明采用可瞬时点亮的卤钨灯。

疏散诱导及出口标志采用LED或节能型光源，采用EPS集中供电容量见系统图，放电时间≥30min。疏散诱导灯及出口标志灯必须选用经过国家消防检测合格的产品。

所有公共区照明采用集中照明控制系统，并纳入体育馆建筑设备监控系统中，对VIP等区域，采用场景设定控制，纳入智能化照明控制系统。对辅助用房区、办公、机房区和包厢非公共区域采用就地控制。

4．应急照明

在变电室、消防控制室、通信机房、安保监控室、消防

主要房间照度标准 表6–1

序号	类别	参考平面及其高度	照度标准值
1	办公、会议室、贵宾室、接待室、医务、警卫、运动员用房、裁判用房	0.75m水平面	500
2	计算机房、广播机房、转播机房、电话机房、计时记分机房、灯光控制室	控制台面	500
3	记者、评论员席、检录处、兴奋剂	桌面	500
4	观众休息厅（开敞式）	地面	200
5	观众休息厅（房间）	地面	300
6	走道、楼梯间、浴室、卫生间	地面	100
7	入口坡道	地面	100
8	电气、设备机房	地面	100
9	地下车库	地面	75
10	新闻发布厅	桌面（主席台）	500（800）
11	安全照明	地面	按规范标准

国家体育馆灯具型号规格及数量 表6–2

序号	产品	规格型号	光源	功率(kW)	数量(套)	功耗（kW）	备注
1	场地照明灯具	PSFA51M3X3	MT1500B–D/BH	1.5	110	267	配光源及电器
2	场地照明灯具	PSFA51M 4X4	MT1500B–D/BH	1.5	50	60	配光源及电器
3	场地照明灯具	ULGC51M CO	MT1500B–D/BH	1.5	86	34.5	配光源及电器
4	观众席地照明灯具	TPLF40M8 MHB AS B	ARC400/T/H/742/E40	0.4	80	32	配光源及电器

6-2 观众步梯照明

设备机房、计时记分机房、贵宾活动区域、新闻发布大厅、包厢、观众集散大厅、观众厅等人员集中的区域、人防等场所设置应急照明（图6–2）。

在疏散走道、楼梯间及其前室、消防电梯前室、主要出入口、地下车库、人防等场所设置应急疏散照明。

观众厅、观众集散大厅、多功能厅、餐厅等人员密集场所的应急照明照度为正常照明照度的10%，并不小于10lx。火灾时仍需保持正常工作房间的照度应保持正常照明的100%（如：消防中心、变电室等）。应急疏散照明，其地面最低照度不应低于0.5lx。上述照明均为双路电源供电末端互投，备用电源取自应急母线段，即当双路市电失电时，可由备用发电机供电。

此外，当双路供电系统的电源侧或线路故障时，采用了EPS电源系统作为应急疏散照明的备用电源供电，EPS持续供电时间大于30min。此部分的EPS设备必须选用经过国家消防检测合格的产品。

5．场地照明设计

（1）方案设计

因为北京奥运会是万众瞩目的重大赛事，许许多多的人和公司愿意为奥运会作出贡献，有很多公司为奥运会建设提供了大量的赞助，其中也包括国家体育馆的场地照明系统，灯具全部由赞助商提供。因此，国家体育馆场地照明系统的订货没有按照固有的设备招投标程序进行，最终的照明方案是由赞助商另行设计的。

（2）场地照明分析

由于国家体育馆的建筑形式的特点，屋顶呈现出一个曲线状态，照明马道也相应地随着屋面进行着起伏，四条马道的安装高度是不规则的，这就对照明的计算带来了一定的麻烦。在进行程序计算时，输入的灯具坐标是随着马道标高而变化的一个变量，对于常规上对称场地和对称马道的计算条件来说，国家体育馆场地照明是不能按照以往对称的四个象限来计算的。

由于设备提供商所提供的产品的局限性，以及国家体育馆的建筑形式的变化特点，灯具和光源容量的选择对整个场地照明系统的成败是一个非常关键的因素。

对于照明方案来说，要想满足设计大纲和BOB照明标准的照明指标，基本上没有什么大的问题，其中包括水平照度、垂直照度、水平与垂直的比率、照明均匀度、照明梯度等等，在设计过程中都能满足。但就是由于马道的起伏特点，对于满足眩光要求，实现起来有一定的麻烦。从北向南延伸的马道，标高从最低点为27m，逐渐升高到37m，再降低到31m。从上述的马道高度可以看出，南北两侧的马道高度都不太理想，安装灯具的高度较低，对于室内体育馆来说，很容易产生眩光。而国家体育馆又恰恰举办的是奥运会体操比赛和蹦床比赛，这两个比赛对于照明垂直面有较严格的要求，既要满足运动员在空中做动作和电视转播的效果要求，同时又要考虑很容易产生较大的眩光。选择什么样的光源和灯具，直接影响到眩光参数（图6–3～图6–5）。

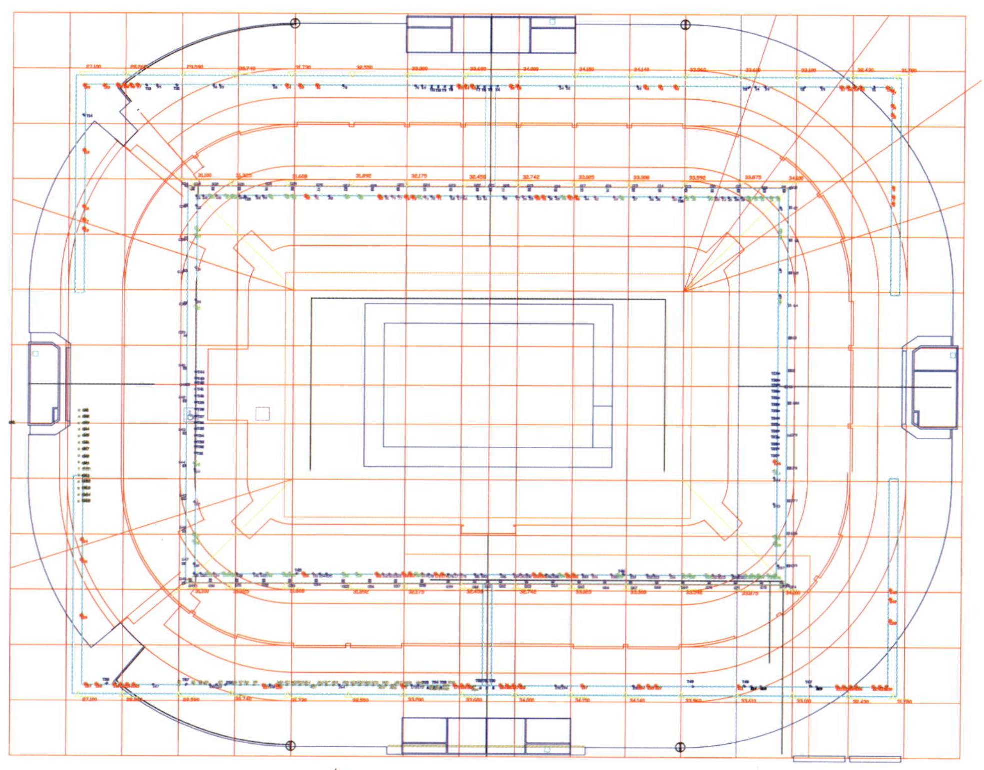

6-3 场地照明马道及灯具布置图

6-4 体操比赛场地之一

6-5 体操比赛场地之二

6-6 全景及屋面采光带

（3）场地照明配电设计

由于场地照明金属卤化物灯光源对电源断电间隔有较严格的要求，故设计中对体育工艺低压配电主结线采用单母线分段运行，不设联络开关，采用专用电缆送电末端切换，同时配置在线式快速切换EPS不间断电源作为市电与发电机电源转换期间的过渡应急电源（供电时间为15min），避免由于在变电室低压母联切换引起的工艺设备瞬间失电现象，保证场地照明的供电可靠性和连续性。

（4）以场地灯光系统配电设计为例

按照使用功能分，主赛场场地照明分为场地照明、观众席照明、应急疏散照明及奥运会体操表演舞台灯光四部分。

将场地照明的配电系统根据运营需求分成日常运营照明段、正常比赛照明段和电视转播应急照明段。三段照明作用有所不同：

- 日常照明段由体育馆日常运营变压器供电，负责在奥运会后业主的日常活动所需的最低标准场地照明；
- 正常比赛段由工艺变压器供电，负责举办正式比赛时的场地灯光照明；
- 电视转播应急照明段，是根据体育照明规范和标准的要求为了保证赛事电视转播的连续进行而设置，也是由工艺变压器供电，同时设置了在线式快速切换EPS以保证供电连续性和可靠性。

（5）主赛场场地照明配电系统

• 灯光负荷的分配原则是日常照明段带20% 灯光负荷、正常比赛段带40% 灯光负荷、转播应急段带40% 灯光负荷。

• 以上三段照明的配电系统均采用放射式专用配电干线，由变电室低压母线段（其中一路由应急母线段引出）双路电源直接引到灯光控制室专用配电箱，设置ATSE双电源转换装置，分支线路灯具采用单灯单回路的配电方式。

（6）GALA舞台灯光作为应急转播照明的备份

• 由于国家体育馆在奥运期间举行体操比赛，按照惯例，在全部体操正式比赛结束后要举办一场体操表演赛（GALA SHOW），该表演赛采用舞台灯光照明系统，按照舞台照明配置200路调光回路电源、灯具安装位置、设置追光灯、舞台灯光系统在屋面结构和马道上吊装。

• 舞台灯光具备瞬时点亮的功能，其光源特性又能满足电视转播的要求。因此，国家体育馆赛时将舞台灯光作为应急电视转播的备份照明系统。

• 舞台灯光配电系统，设置2套各200kW调光控制柜，电源分别采用变电室工艺变压器低压母线段放射式专用干线引至调光电源柜，并设置ATSE双电源转换装置，再引接至调光柜。

（7）奥运会场灯配电系统运行模式

奥运会赛时，场地照明的50% 电源由奥组委提供的临时发电机组供电，因此场地照明的配电系统由日常的运行配置（图6-7）调整为奥运会赛时配置（图6-8）。

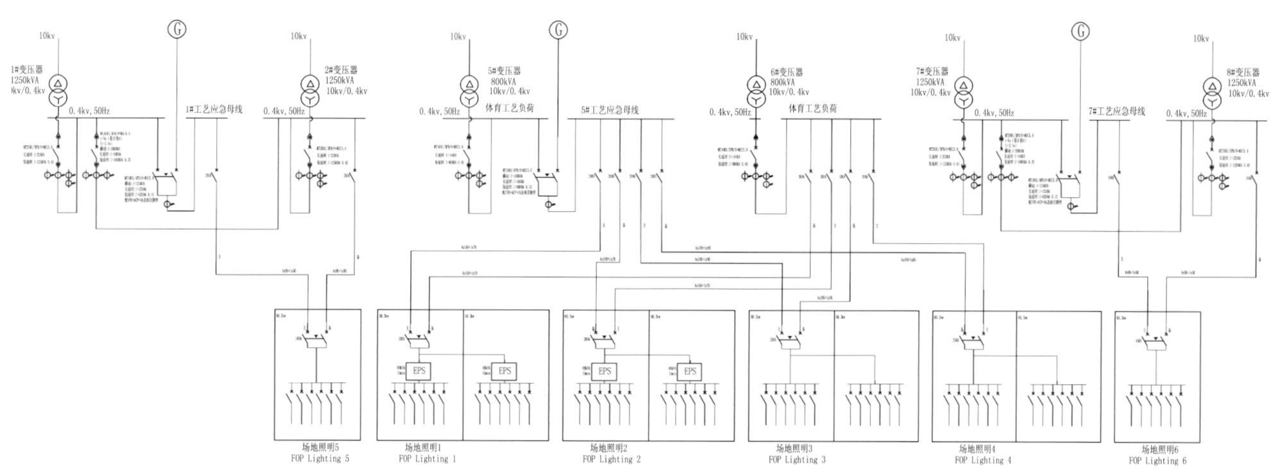

6-7 （日常运营）场地照明配电系统图

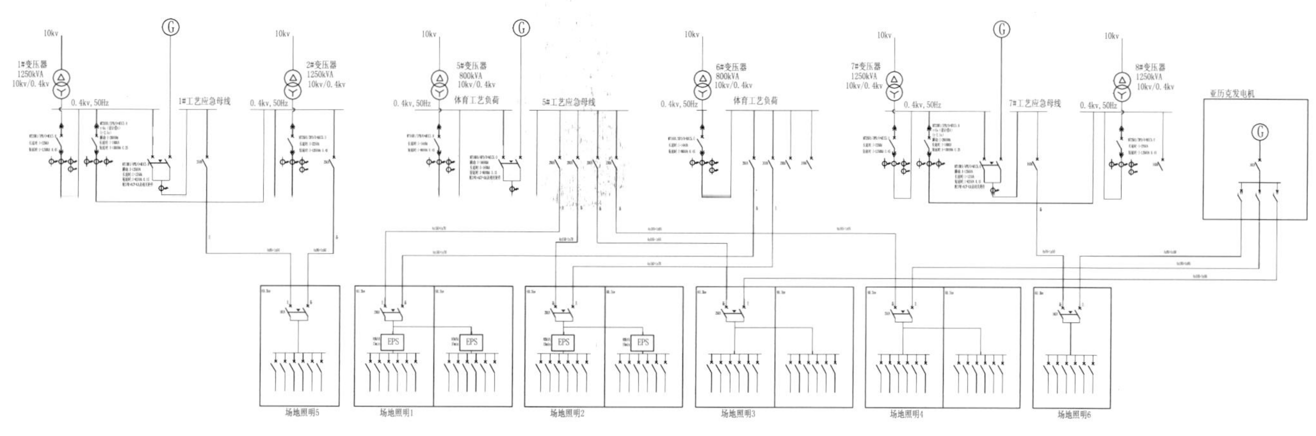

6-8 （奥运赛时）场地照明配电系统图

6．绿色奥运的体现

(1)太阳能光电技术

利用屋顶及南立面幕墙布置1000m^{2}光伏电池板，为地下车库提供白天照明用电（图6–9）。

(2)光导照明通风

位于场馆外部的垃圾楼及泵站为覆土下建筑，采用光导照明通风系统（通过采光装置聚集室外的自然光线并导入系统内部，再经过特殊制作的导光装置强化与高效传输后，由系统底部的漫射装置把自然光线均匀导入室内任何需要光线的地方），为地下空间解决照明与通风（图6–10～图6–12）。

(3)LED节电光源

体育馆夜景照明采用LED技术，LED耗电低寿命长，是最先进的节电光源（图6–13）。

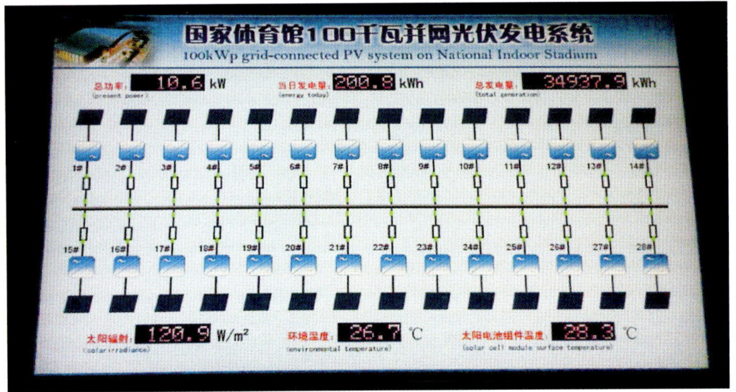

6-9

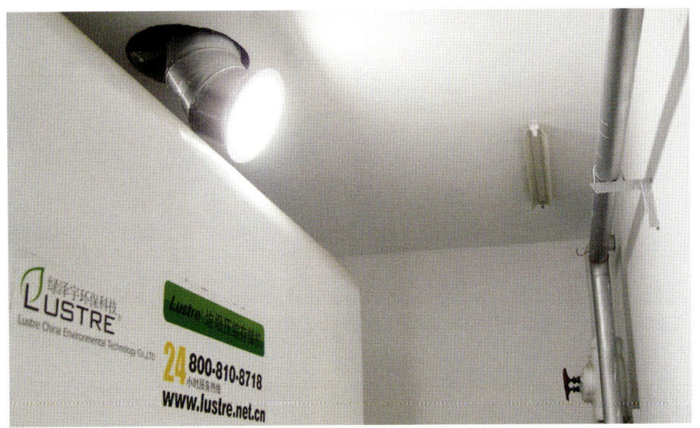

6-10

6-11

6-12

6-13

第三节 防雷与接地保护安全设计

防雷系统设计按照现行GB 50057—1994（2000年版）《建筑物防雷设计规范》的要求进行设计。

本工程按二类防雷设计，设计中针对直击雷、雷电波侵入、雷电感应和雷击电磁脉冲采取相应的防护措施。

防直击雷措施：利用屋顶钢结构钢架及∅10镀锌圆钢组成避雷网，将屋面上所有凸出部位的金属物体及其构件均与防雷系统连为一体，避雷引下线利用结构柱内钢管及外墙钢结构引下，在地下一层引至室外环形接地体。本工程外壳竖向及环向钢结构形成良好的法拉第笼，起到均压作用，有效地防止侧向雷击。外层钢结构构件兼作防雷引下线，间距满足规范18m的要求。引下线与接闪器为一个整体，因此，要求引下线下端与基础接地网良好连接。

防雷电波侵入措施：进出本建筑的所有电气线路均采用进线处大于15m埋地的敷设方式，并在入户端将电缆金属外皮、金属线槽、钢管与防雷接地装置相连。

防雷电感应措施：本建筑物内的设备、管道、构架、电缆金属外皮、钢屋架、金属窗等较大金属物和突出屋面的放散管、风管等金属物，均应接到防雷电感应的接地装置上；平行敷设的管道、构架和电缆金属外皮等长金属物，其净距小于100m时应采用金属线跨接，跨接点的间距不大于30m；防雷电感应的接地装置与电气装置接地装置共用，同时建筑内接地干线与防雷电感应接地装置的连接不少于两处。

防雷击电磁脉冲措施：所有外墙及玻璃幕墙龙骨、铝合金窗、金属构筑物等通过埋铁与建筑物做等电位联结。所有进出建筑物的金属设备管道均应进行等电位联结，卫生间外露可导电部分进行辅助等电位联结。此外，为了更有效地防止雷击对供电系统及弱电系统的损害，在强电系统的进线、屋顶电源配电箱及各弱电机房电源等处不同位置均设有浪涌保护器（SPD），以防止高电位引入引起的过电压损坏。

本工程电力系统保护形式为TN—S系统。强、弱电系统及防雷接地采用综合接地极，接地极利用建筑物结构基础钢筋通长焊接形成的基础接地网。接地电阻≤0.5Ω。

消防控制中心及弱电各机房均设接地端子并采用BV—1X25mm^2—PVC32引至接地体可靠连接。此外，强电竖井内设40x4镀锌扁铁做接地母带，并预留接地端子。弱电配电竖井内设BV—1X25mm^2—PVC32一根并预留接地端子。

第七章 智能化系统设计

第一节 智能化系统建设的构成分析

体育馆智能化系统建设应按体育馆不同的等级进行设计。国家体育馆作为北京奥运会三大主场馆之一，可容纳1.8万人观众，根据《体育建筑设计规范》的规定，本工程为特级体育建筑。

对特级体育建筑，根据《体育场馆智能化系统技术要求》，智能化系统的设计、建设宜构成如下四大系统、23个子系统：

一、智能监控系统

(1) 建筑设备监控系统（完全配置）

(2) 火灾自动报警及消防联动控制系统（完全配置）

(3) 安保科技系统（完全配置）

(4) 建筑设备集成管理系统（前期规划，赛后根据需要建设）

二、通信网络系统

(1) 综合布线系统（完全配置）

(2) 语音通信系统（满足赛时需要，赛后另行建设）

(3) 信息网络系统（满足赛时需要，赛后另行建设）

(4) 卫星接收及有线电视系统（完全配置）

(5) 公共广播系统（完全配置）

(6) 电子会议系统（满足赛时需要，赛后另行建设）

三、场馆专用系统

(1) 屏幕显示及控制系统（完全配置）

(2) 扩声系统（完全配置）

(3) 场地照明及控制系统（完全配置）

(4) 计时记分及现场成绩处理系统（预留基本条件，满足赛时需要）

(5) 现场影像采集及回放系统（预留基本条件）

(6) 售验票系统（预留基本条件，赛后另行建设）

(7) 电视转播和现场评论系统（预留基本条件，满足赛时需要）

(8) 主计时时钟系统（完全配置）

(9) 升旗控制系统（完全配置）

(10) 比赛中央控制系统（前期规划，赛后根据需要建设）

四、应用信息系统

(1) 体育竞赛综合管理系统（赛时奥组委提供）

(2) 公共信息系统（完全配置）

(3) 办公自动化系统（赛后建设）

考虑国家体育馆智能化系统分类较多，系统间关系复杂，专业性强，在设计阶段，力求做到事先需求调查明确、功能定位准确、总体规划设计、分类阶段建设。

为此，在国家体育馆智能化系统建设过程中，在满足奥运会赛时基本要求的前提下，充分考虑赛后的运营需求。以满足功能需求的思路为出发点，安排智能化系统的各项工作，第一步，满足基本功能的需求，搭建起国家体育馆智能化系统的最基本的框架结构，即满足体育馆最近基本的运行需求。第二步，满足追加功能的需求，即满足奥运会期间的运行需要，达到奥组委所要求的标准即可，保证系统的配置和建设标准达到能够使奥运赛事正常进行的水平。第三步，满足提升功能，结合赛后的运营方案进行功能配置，充分考虑赛后的多功能使用的运营需求。为节约资金，不造成过多的浪费，在进行以上三步工作前，对第三步赛后的经营思想有个大致的方向，要确定在赛后是否要根据经营方针进行第二次大规模的工程改造，这对在现阶段确定各系统的标准至关重要，影响到对资金投入的决策。

在满足功能需求的同时，将投资计划的制定与之相配合，按照满足功能需求的三个步骤，制定相对应的三个资金投入的阶段。

现阶段的工作重点在于将满足功能需求的三步细化，结合设计中的各个智能化系统内容，按照三个步骤进行分析，确定各步骤中需要完成的工作内容，并根据内容计算出相应步骤内的投资。

第二节 智能化系统建设的特点及目标

一、建设特点

首先，体育场馆智能化系统建设不同于一般的公共智能建筑，它不但涵盖了常规建筑智能化系统，而且更要满足在体育馆内进行竞技比赛和训练以及其他多功能用途时对管理和服务的需要，系统繁多，系统间关联复杂；尤其是考虑到深远的政治意义，要保证系统运行的绝对可靠。因此，首先在设计上，要通盘考虑，对系统间的界面、接口、信息流明确清晰；其次，在产品选型上，要选择先进、可靠、成熟的系统和产品；最后，在设计时要充分考虑系统的安全性、冗余性，确保系统运行的万无一失。

其次，国家体育馆智能化系统建设要充分体现"绿色奥运、科技奥运、人文奥运"的奥运理念和"节俭办奥运"的原则，注重功能设计、环保设计和美感设计相结合，体现了功能第一、技术第一、满足比赛、遵守规范、节能环保、赛后利用的设计原则。

绿色奥运：国家体育馆智能化系统的设计应充分体现可持续发展的思想，采用世界先进可行的环保技术和建材，最大限度地利用自然通风和自然采光，在节省能源和资源、固体废弃物处理、电磁干扰及光污染的防护、消耗臭氧层物质（ODS）替代产品的应用等方面提出设计方案，树立环保典范。尤其是对于电磁干扰，在设计、建设中做到：

（1）严格选用电磁兼容性能符合CISPR标准及国家标准的电子、电气设备，保证在设计时选用的每一个设备，对环境的电磁骚扰水平限制在相应的电磁兼容标准的允许范围之内，满足相关的国家标准或国际标准(如IEC／CISPR)的电磁兼容特性。

（2）减小对信息通信系统的骚扰，减少电磁感应耦合，设备的合理布置排列，合理选择线路走向，选用合适的通信介质，如必要时选用光缆等。

（3）屏蔽与接地。

（4）滤波与隔离。

（5）防止静电措施。

科技奥运：国家体育馆的智能化系统设计充分考虑信息技术、材料、环保等高新技术的发展状况，在建筑智能化、通信、信息等方面，通过采用可靠、成熟、先进的高新技术成果，将国家体育馆建设成为一个具有以人为本的信息服务、方便可靠的通信手段、先进舒适的比赛环境、坚实可靠的安全保障等特点的新型场馆，体现奥运场馆的时代性和科技先进性，使其成为展示我国高新技术成果和创新实力的一个窗口。使"科技奥运"的奥运宗旨在国家体育馆智能化系统设计中充分体现出来。

人文奥运：国家体育馆智能化系统建设更要立足于"以人为本"这一结合点，处处体现"为人服务"这一理念：

（1）是为参加体育比赛或文艺演出的运动员或演艺人员服务；为他们提供舒适方便的比赛或演出场地和环境；赛前（或演出前）进行适应性训练的场所，更衣／化妆等场所等；赛后（或演出后）进行沐浴／休息的场所（对于重大赛事还应该具备药检功能的场所）；这些场所要求舒适方便，包括自然环境、人文环境、通信环境等。

（2）是为观众服务，不管是体育赛事或是文艺演出，观众均是"上帝"；智能化系统的建设、设计就是要为各种类型的观众提供舒适方便的观看环境，包括场地环境、灯光环境、观看环境、音响环境等，真正做到使观众来观看比赛或演出是一种"欣赏和享受"。既要看着舒服，又要听着舒服。

（3）是要为比赛或演出的组织者服务，需要为他们提供各种现代化的管理手段，包括对赛事或演出的组织、会务安排（比赛日程安排、运动员／裁判员／演出人员的食宿、车辆调度等）、比赛或演出的实况转播或记录等。

（4）在为上述这三类人员提供服务的同时，设计还考虑到体育馆的一个特殊性，这是与其他建筑物存在的一个最突出的不同之处，即公共场所的安全性。国家体育馆是典型的公共场所，是观众或人群比较集中的地方，确保这些场所内人员和设备设施的安全是设计时必须做到的；即使在发生意外或突发事件时也需要作出必要的保证。

二、建设目标

国家体育馆智能化系统建设是以建筑为平台，兼备建筑设备、办公自动化及通信网络系统，集结构、系统、服务、管理及它们之间的最优化组合，提供一个安全、高效、舒适、便利的建筑环境。做到：

（1）绝对保证奥运赛事的顺利进行

（2）保障场馆的公共安全

（3）提高场馆的经营管理

第三节 建筑设备监控系统

在国家体育馆建筑设备监控系统的设计中，充分考虑场馆内的自然通风和自然采光情况，最大限度地降低能源消耗，在节省能源和资源、通风、空调、照明设备的应用等方面进行优化设计，树立环保典范；系统设计采用先进、成熟、可靠的技术，同时具有可扩展性、开放性和灵活性；充分考虑各类人员对环境的特别需求，通过对体育馆内空调、通风、照明等设备的监控，建立适宜的健康环境，保证奥运会的正常进行，并降低赛后的运营成本，使场馆运营在最佳经济状态。

鉴于国家体育馆大空间、大跨度、大面积特点，系统采用“分散控制、集中管理”的模式，整个系统网络结构由管理层、自动化监控层及现场层组成。其管理层采用以态网，网络采用Browser/Server结构；监控层采用LonWorks总线技术，采用Peer To Peer的通信方式，传输速率可达到78.6K；现场层为采集现场信号的传感器和执行机构。中央工作站作为管理层，设于首层中央控制中心。直接数字式控制器、传感器及执行机构随被控设备就地设置。直接数字式控制器能够对设备进行有效、分散的实时控制，并能独立运行。系统在实现集中控制的同时，还设置制冷分站、换热分站、主场灯控分站、热身馆灯控分站、变电所分站、电梯分站、停车场管理分站，分站与中央控制中心实现双向数据传输。

中央工作站和直接数字式控制器通过网络通讯接口用专用的通信电缆组成总线型网络拓扑结构。通过web化的窗口，实现对国家体育馆内的设备监控管理、能源管理、环境监测及物业管理等，实现管理系统和控制系统的一体化。

第四节 火灾自动报警及消防联动控制系统

本工程为一类防火建筑，设有消防控制中心报警系统。在体育馆首层设置消防中心控制室(图7-1)，设置消防报警控制器，系统采用微电脑全智能型，具有独立处理信息，控制主机为双CPU工作的两线制闭合环路探测系统，功能如下：

- 接受火灾报警，发出火灾声、光信号、事故广播和安全疏散指令等；
- 控制消防水泵，固定灭火装置，通风空调系统，阀门，防烟排烟设施；
- 显示电源运行情况等。

1. 报警探测器设置

(1) 所有办公及管理用房、观众运动员休息厅、贵宾厅、走道及各类机房等处设置感烟探测器。

(2) 主比赛场地及热身场地上空设置线型光束图像感烟探测器，对比赛场地的大空间进行早期烟气探测保护，并结合自控水炮上配置的双波段火灾探测器的摄像监视器对场地火情进行监视。

(3) 地下停车场设置感温探测器。

(4) 在消火栓旁、公共场所及走道的出入口等处设置带消防对讲插孔的手动报警按钮。

(5) 为安装各种电气设备，在场地上方设置有检修马道，沿马道的走向在马道上方设置空气采样报警系统，当马道上发生火情时，空气采样报警器向消防报警系统发出火警信号。

2. 联动控制系统

设消火栓系统，消火栓箱内设有启泵按钮启动消防泵，并可由消防控制中心联动控制台手动启停消防泵并显示其工作状态。

在休息厅，办公管理用房等处设置喷淋系统。当火灾发生，喷淋头破裂喷水后，压力报警阀控制喷淋泵启动，水流指示器向消防控制室返回动作信号，消防控制室也可以手动控制喷淋泵的启停，并显示其工作状态。

为扑灭场地内大空间火灾，设置数控水炮灭火设备，采用自动附带手动操作方式，由架设在水炮上方的双波段火灾探测器实现自动探测着火点，自动定位(着火点坐标)，自动控制喷水量，自动灭火，并可手动优先操作。

在柴油发电机房设置水喷雾灭火系统，设有一个设备

7-1 消防中心控制室

间，在设备间内设一个消防模块箱，每个模块箱可提供报警信号点和电动阀控制信号。

设置应急照明系统，在观众厅、比赛场地、重要设备机房、配电室、走道门厅等处设置，设于重要区域的部分应急照明灯具配备集中式EPS不间断电源装置。当火灾发生时，应急照明灯具由消防控制中心控制强制点亮。

比赛场地和观众厅的应急照明灯具选用可以瞬时点亮的光源。

本工程主场地和热身场地的一般正常广播与火灾应急广播分设扬声器，火灾应急广播采用专用应急广播系统，其消防专用广播功放机设在消防控制中心。当发生火灾时由消防中心控制室控制。

在消防控制室设消防对讲电话主机，在各手动报警按钮处设置对讲电话插孔，并在重要机房设置固定对讲电话。消防控制室内设119直通电话。

消防报警及联动控制线路采用导线穿铁管暗敷设为主，当需要明敷设时，应将铁管做防火处理。

火灾发生后，所有电梯停于首层，切断所有非消防电梯电源。消防控制室内设置电梯运行状态显示，在消防控制室内可以手动控制消防电梯返回首层。设置电梯电源管制系统。

在国家体育馆内设置消防电视图像监控系统，实施监控重点消防部位，及时发现灾害事故和抢险救灾。由于本工程安防系统设有闭路电视监控系统，为避免设备的重复设置，将消防电视图像监控系统与闭路电视监控系统共建共享。

第五节 安保科技系统

针对特级的国家体育馆，属于一级风险单位，设计采用集成式安保科技系统，通过统一的系统平台将安防控制中心与安保科技各子系统联网，实现安防控制中心对整体系统信息的集成和自动化管理。整个安防科技系统包含以下子系统：视频监控系统、门禁，报警，紧急求助系统、电子巡更系统、周界防范系统、安防系统集成软件、安保通信及网络系统、UPS供电系统。

国家体育馆的闭路电视监控系统划分为赛时和赛后两个系统：赛时部分主要用于满足奥运会及其他重大体育比赛或活动期间按功能需求增强的安防监控工作。赛后系统主要负责监控竞赛层及体育馆主要出入口、通道、看台、重点部位，用于平时运营期间的常规监控。

门禁，报警，紧急求助系统实现功能：对重点部位的门禁装置，只允许授权人员在规定时间内进出并记录所有出入人员、出入时间等信息；不同的出入口，能设置不同的出入权限，包括出入时间权限、出入口权限、出入次数权限、出入方向权限、出入目标标识信息及载体权限等；门禁系统与视频安防监控系统、入侵报警系统联动，在火警时能自动打开疏散通道；门禁系统提供符合公安要求的通信接口和协议，实现与安防信息综合管理系统联网；报警系统能准确、及时报告入侵异常事件，并声光报警提示，能清楚显示事件发生的部位、准确记录报警时间、位置等信息，并能够详细查询、打印以上内容，并能立即向公安110报警服务台报警；报警系统能按时间、区域、部位任意编程设防或撤防；报警系统能对设备运行状态和信号传输线路进行检测，当探测器被拆或线路被切断时，能及时发出报警并指示故障位置；奥运期间可根据需要采用无线报警方式随时自由增加无线报警探测点。

设计采用离线式电子巡更系统，根据奥运期间安全管理的需要、赛后场馆运营管理的要求，在体育馆主要出入口、主要通道、紧急出入口和各重要部位设置巡更点，实现对保安人员巡更的工作状态进行监督和记录。

巡更系统提供网络接口和符合公安要求的软件接口，实现与上级安防信息综合管理系统联网，实现对本巡更系统存储的信息进行查询。

在场馆外围设施及重点部位，采用主动红外探测器结合室外全方位云台摄像机及保安照明的防范措施，当入侵者越过周界时产生报警信号，探测器与室外摄像机及保安照明联动，使值班人员及早发现避免事故发生。本系统由奥运安保指定运营商提供并施工。

本着一体化的设计方针，设计将有关安保科技系统中的相关子系统作为安防系统的各有机部分整体考虑，集成在统一的网络平台上，集成系统采用标准硬件平台和Windows操作系统，采用TCP/IP通信协议。集成的子系统包括：视频监控系统、门禁，报警，紧急求助系统。

第六节 建筑设备集成管理系统

建筑设备集成管理系统是为了满足国家体育馆赛后运营的需求，而非奥运赛事需求，因此，本系统为前期规划，赛后根据需要建设。

集成的主要目的是要满足国家体育馆在奥运会后的物业管理要求，其只是达到需求的一种手段。根据“按需集成”

思想，我们设计中只要求实现"控制域"范围内的集成管理，即在国家体育馆内仅实现建设设备监控系统、车辆管理系统、火灾自动报警及消防联动控制系统、安保科技系统四个隶属于"控制域"范畴的大系统（每一个系统又有若干子系统组成）间的集成工作，使物业管理人员可以十分方便、快捷地实现体育馆内被集成的各功能子系统以及相应的下层功能系统实施监视、控制和管理等功能。

第七节 综合布线系统

通过采用综合布线系统建立高速、大容量的信息传输平台，为国家体育馆提供语音、数据、图像、多媒体信息等各种信息的高速传输通道。综合布线系统作为体育馆内通信网络的基础传输通道，采用模块化设计，易于配线上的扩充和重新配置，在物理结构上，采用二级拓扑双点管理的拓扑结构，以利于数据的采集和信息的传递。

设计充分考虑场馆赛事期间、场馆赛后利用、场馆多功能应用的要求，以及场馆智能化系统的增加、改造的要求。

设计总体思路：

（1）按照六类系统设计，辅助设置光纤到桌面系统及无线网络系统。

（2）水平配线（数据、语音、光纤）满足1G到桌面的传输速率。

（3）系统数据主干满足10G网络传输要求。

（4）布线线缆的选择，要满足CMP阻燃等级要求。

（5）对于大空间且工作区域不确定的场所，在适当的位置设置集合点（CP），并设置局部无线网络（AP）作为辅助通信网络。

第八节 语音通信系统

语音通信系统满足体育场馆赛事期间、举行大型集会活动期间对通信容量的需求，为观众和赛事、活动举办者提供方便、快捷、高效、可靠的通信服务。包括有线通信系统、无线通信系统、集群通信系统。

有线通信系统承担场馆对内对外的主要通信服务，系统采用硬件模块化、通信接口标准化、系统软件可升级的要求，并具备扩展能力以满足场馆举行重大赛事或活动时对通信容量的突发性要求。

通信机房备有两条物理路由不同的管道与公众通信管道网沟通，管道留有余量。通信机房与场馆内综合布线机房、媒体信号控制中心、移动通信机房、安保系统机房等均需预留管孔及管线。

设计的媒体电信服务中心将设立现场业务受理台，负责电话卡、上网卡的销售，受理传真业务，提供电话、专线和网络设备的租赁。此外，还将提供公用电话区域和Internet网络区域。

为解决场馆中的移动信号盲区和弱区，设计无线移动通信中继系统，以满足现有的各种移动通信系统的用户在场馆内任何时间与外界通信的需要。

系统在首层设置两个机房，位于体育馆对角，机房设计方案参照电信专用房屋设计规范。机房主要用来放置通信设备，天线分为室内天线和室外天线，室内天线将根据国家体育馆内部具体布局放置在各处；室外天线放置于体育馆房顶。机房通过光纤管道连接到公共传输网络和体育馆内其他技术机房。

设置双路由光缆管道连接移动机房到公共传输网络。机房预留上下通道，用于与体育馆各层室内分布系统的光纤连接，管道留有一定的余量。

国家体育馆内设置集群通信系统，属于指挥调度类的专网，主要用于指挥调度，采用可混合现有模拟集群信号和数字信号。

第九节 信息网络系统

信息网络系统是国家体育馆电子综合信息系统的核心和基础，是能否成功举办现代奥运会的前提条件和标志之一。而奥运会的特点是参会人员多、新闻机构信息多、商务活动多、场地分散、实时性强、数据流量大、直接面向Internet/Intranet等，故系统需有足够高的带宽和系统结构，以满足奥运会时和赛后各应用系统的需要。

利用先进、成熟的网络互连技术，构造高速、稳定、可伸缩的计算机网络平台。数据网络总体结构由远程网、主干网、部门子网三级组成，并考虑无线网络作为补充，满足奥运赛事或活动对体育场馆信息网络系统的要求。

国家体育馆计算机网络是一个局域网，在网络中心设带路由功能的核心交换机，通过城域网与主数据中心相连。

建立传输速率为万兆以上的计算机主干网连接国家体育馆内的各部门子网。部门子网由部门交换机、桌面交换机及用户信息设备所组成。

设计系统的配置、故障、性能、网络用户、分布等方面的基本管理，以及对网络设备的管理。

建立网络入侵安全检测及安全防护监控系统。

计算机信息管理网络根据奥运会运作需求设置各种专网：

（1）奥运专网。

（2）行政管理网：处理国家体育馆正常运转各部门内部及相互间的各种数据流、信息流等。

（3）公众信息网：比赛期间的赛事新闻发布、公众信息发布等。

（4）竞赛管理网：根据竞赛委员会的竞赛程序的要求设置的对检录、裁判、计时记分、成绩发布等内容的管理系统。

（5）票务管理网等。

第十节 卫星接收及有线电视系统

国家体育馆的有线电视系统的设计建设具备技术先进、质量可靠，体现有线电视系统的科技水平。在确保系统安全运行的同时，具备自动检测功能。此外，系统还具备高清晰度电视、数字电视的接收与传输能力，兼容模拟电视信号的能力。

系统除向场馆内用户提供卫星节目、当地的有线电视节目外，还具备和场馆现场影像回放系统连接的接口、电视转播系统连接的接口。

第十一节 公共广播与电子会议系统

一、公共广播系统

设计能提供背景音乐、业务广播和消防紧急广播合一的公共广播音响系统。各种音源的输入、输出均通过矩阵切换器，在不用改变硬件连线的情况下，可以实现分区广播功能，并可在不同区域实现不同内容的广播，优先广播权控制，消防紧急广播强切、功率放大器的自动倒备、噪声自动补偿以及喇叭回路故障检测器等诸多功能。并能实现对广播的音量、音质、音调、混响时间、频率特性补偿等调节功能。

广播系统采用智能矩阵系统，中心矩阵设备采用8x8矩阵，音源设备包括各类MIC及程序控制用的卡座、DVD、AM/FM调谐器及IC播放器。系统可以根据实际使用的要求使任一音源向任一区域播音。每个分区配备一台功率放大器，广播系统可以按照程序设定进行播送。在发生人工插播及紧急情况下自动切断优先级低的音源的广播，转为优先级高的音源广播。在紧急广播时进行全功率广播。备份功率放大器采用热备份技术，当一台功率放大器发生故障时切换器自动切至备份功率放大器。采用本地音源装置，可以在本地实现本区域的播音。

由于体育馆建筑面积大，扬声器负载多而分散，传输线路也比较长。系统中的功率放大器采取定电压输出，并具有喇叭回路故障检测电路。根据不同的场合采用不同型号和功率的扬声器。本系统中采用了普通吸顶扬声器、高质量吸顶扬声器、强指向扬声器、壁挂音箱以及室外扬声器等。

系统中所有的控制功能均可以通过多媒体管理软件在计算机上完成。并在计算机的监视器上以动态图形的方式实时显示系统各部分的工作状况。使系统操作或维修人员对系统的运行情况一目了然。

公共广播系统主控制设备安装在竞赛层南西侧的消防监控指挥室。广播系统与比赛大厅的主扩声系统应实现音频的双向传输。

二、电子会议系统

国家体育馆内设置多功能会议系统，满足奥运会期间举行新闻发布会和相关组织举行现场会议或远程电视视频会议需要。

具有会议和报告功能；具有良好的会议扩声系统，声音清晰；具有专业会议系统功能，话筒配置每座一套；具有大屏幕投影系统，配置电动屏幕；具有会议现场音频信号记录保存功能；具有良好的会议集中控制系统，操作简单方便；具有会议发言系统；具有会议表决系统；具有会议讨论等扩声及实况录音；能将计算机、便携电脑的信号进行投影显示；能将通常的各类视频源信号（DVD、LD、VCD、VHS磁带）进行投影显示；能播放发言人自带的视频媒体信号；能播放中心的闭路电视节目信号；能将视频图像进行录像；能将现场采集图像进行投影及录像；能调用其他会议室的图像和声音；具有智能电子集控系统，对音视频设备、照明、窗帘等进行集控；具有同声传译系统；预留视频信号输入、输出接口；预留RGB、VGA接口。

第十二节 体育赛事应用系统

一、屏幕显示及控制系统

1. 系统要求

根据国家体育馆使用功能的要求及大屏显示技术的发展，设置满足比赛要求的显示系统，支持高清晰HDTV显示，采用计算机控制，接入计算机网络。

设计在比赛场地内南北两侧看台上方各设置一块LED全彩色显示屏；在比赛场地内西南、东北对角看台上方各设置一块LED双基色显示屏；在热身场地设置一块LED彩色显示屏，以便运动员观看比赛场地内比赛进行情况。其中全彩色显示屏用于显示赛事视频图像、文字；双基色显示屏为奥运会期间临时设置，专用于显示计时记分结果，赛后拆除。

2. 显示屏设计

设计的显示屏的安装位置及面积使场馆内95%以上的正式固定的观众席满足最大视距要求，同时比赛现场的运动员、教练员和裁判员都能够方便地清楚地看见屏幕显示的内容。

本设计主要侧重显示屏的主要参数和指标，其他未涉及的各类指标如灰度等级、颜色，色调，亮度的均匀性、失控点等要求满足《体育场馆设备使用要求及检验方法》、《体育场馆LED显示通用规范》。

(1) 主馆显示屏（图7–2）

显示屏尺寸：　10.752m X 6.144m=66.1m^2

显示比例：　16:9

7-2 比赛场地显示屏

(2) 热身馆显示屏

显示屏尺寸：　6.40m X 3.60m=23.04m^2；

显示比例：　16:9

(3) 计时记分专用显示屏

奥运会期间，由奥组委提供两块专用计时记分显示屏，分别在比赛场地内西南、东北对角看台上方。

根据手球竞赛规则，赛时在场地两端头，应设置两块手球计时记分显示屏。

(4) 视线视距分析（图7–3～图7–4）

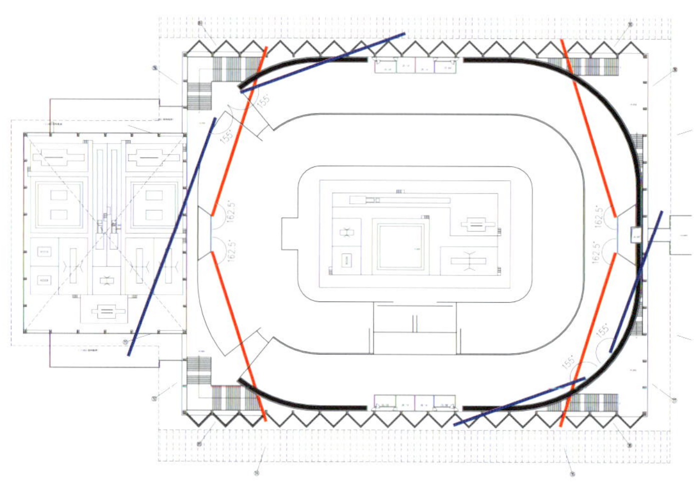

7-3 显示屏视线分析平面

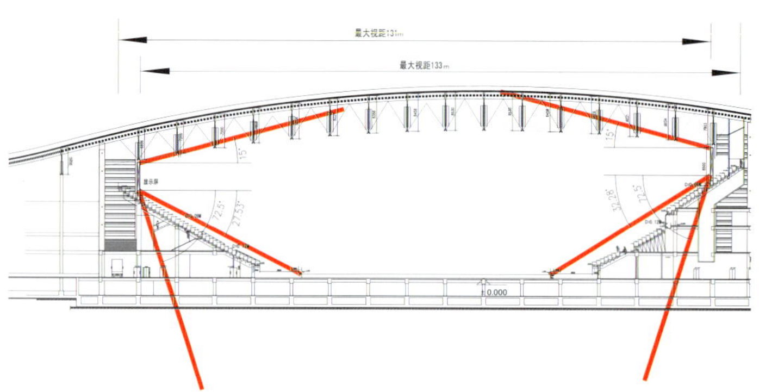

7-4 显示屏视线分析剖面

二、计时记分及现场成绩处理系统

计时记分及现场成绩处理系统是体育馆进行体育比赛最基本的技术支持系统，担负着所有比赛成绩的采集、处理、存储、传输和显示。

国家体育馆奥运比赛期间将举行体操、艺术体操、蹦床、手球决赛。鉴于该系统自身的使用特点，业主方不提供本系统所需的设备，本设计只根据奥组委提供的满足各种比赛项目要求的实施标准，以及对场馆建筑的技术需求，在场馆的设计和施工上给予最基本的条件预留。

① 计时记分系统

② 数据采集部分

③ 数据传输部分

④ 数据显示部分

⑤ 现场成绩处理系统

现场成绩处理系统接收来自计时记分系统的数据，经综合处理后，向外发布比赛成绩，系统和大屏幕显示系统，比赛综合信息服务系统连接，为运动员、竞赛官员、新闻媒体和观众提供信息服务。

现场成绩处理系统设有专用数据库服务器、成绩处理终端、成绩处理中心内部计算机局域网络以及专用成绩处理软件。

⑥ 计时记分和总裁判席、现场成绩处理系统关系如下图：

计时记分系统将比赛现场获得各种竞赛信息传送到裁判席、计时记分与现场成绩处理机房。

⑦ 计时记分系统与电视转播系统的关系

计时记分系统是奥运会电视转播系统最主要和直接的信息资源提供者，在各比赛现场都有着直接的连接。

三、现场影像采集及回放系统（图7—5）

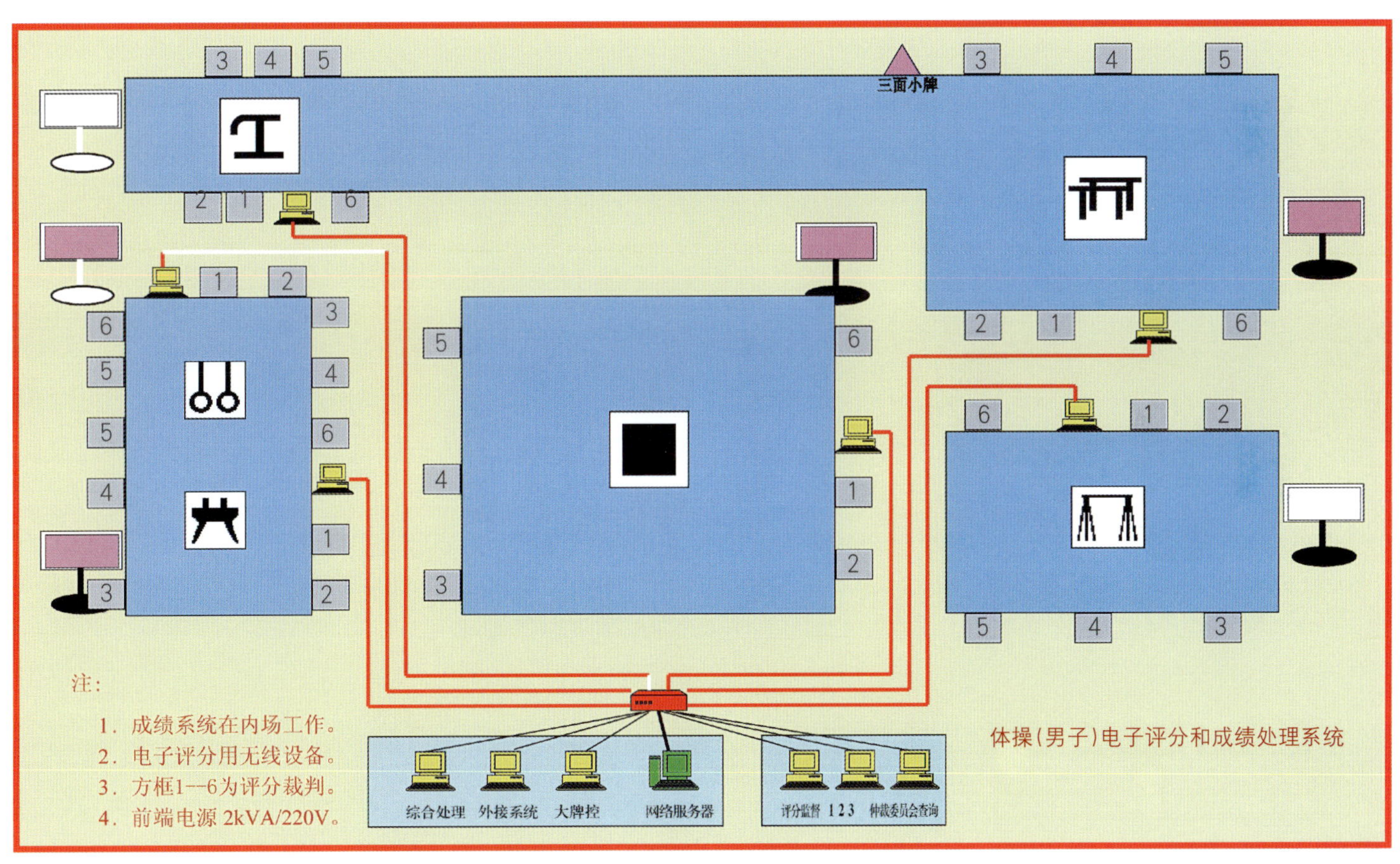

7-5 设备分布与布线示意图

奥运会期间，本系统业主不提供，由奥组委自备。

在奥运会期间，本系统为裁判员、运动员和教练员提供即点即播的体育比赛录像和有关的视频信息，是技术仲裁、训练和比赛技术分析等工作不可缺少的技术手段和工具。现场录像采集及回放系统既可用于当比赛发生争议时，为仲裁提供声像资料，还可为大屏幕提供视频信息，并为场馆比赛资料的保存提供素材，同时，把现场图像通过场馆有线电视系统进行播放。

四、售验票系统（图7–6～图7–7）

售验票系统主要在赛后使用，赛事奥组会提供。

本系统设计由门票制作部分、售票部分、通道验票部分及票务综合监控管理部分组成。如下图。

系统工作流程如下：

系统要求具有处理速度快，实时性好，稳定性好，维护费用少，并具备良好的可扩充性，同时具备公安及消防通道管理要求的设备。

① 网络结构设计。

② 制票部分。

③ 售票部分。

④ 验票部分。

⑤ 监控管理部分。

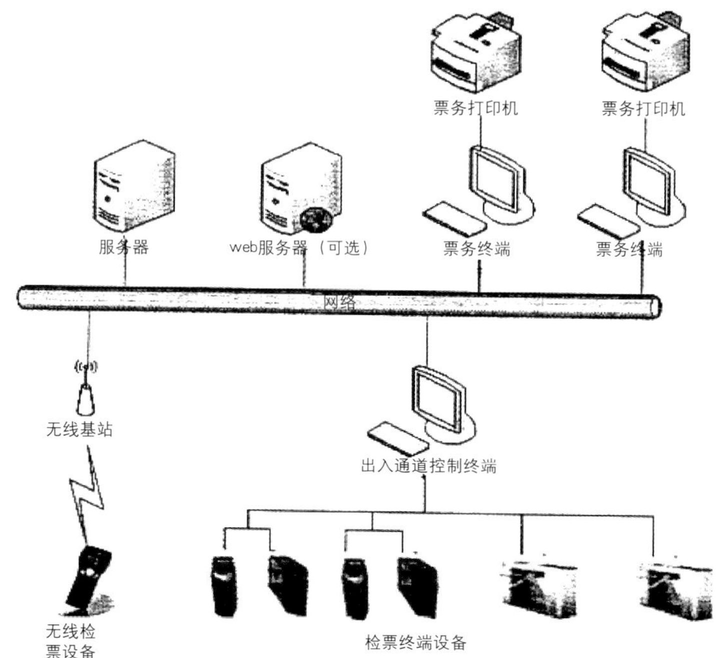

7-6 设备分布与布线示意图

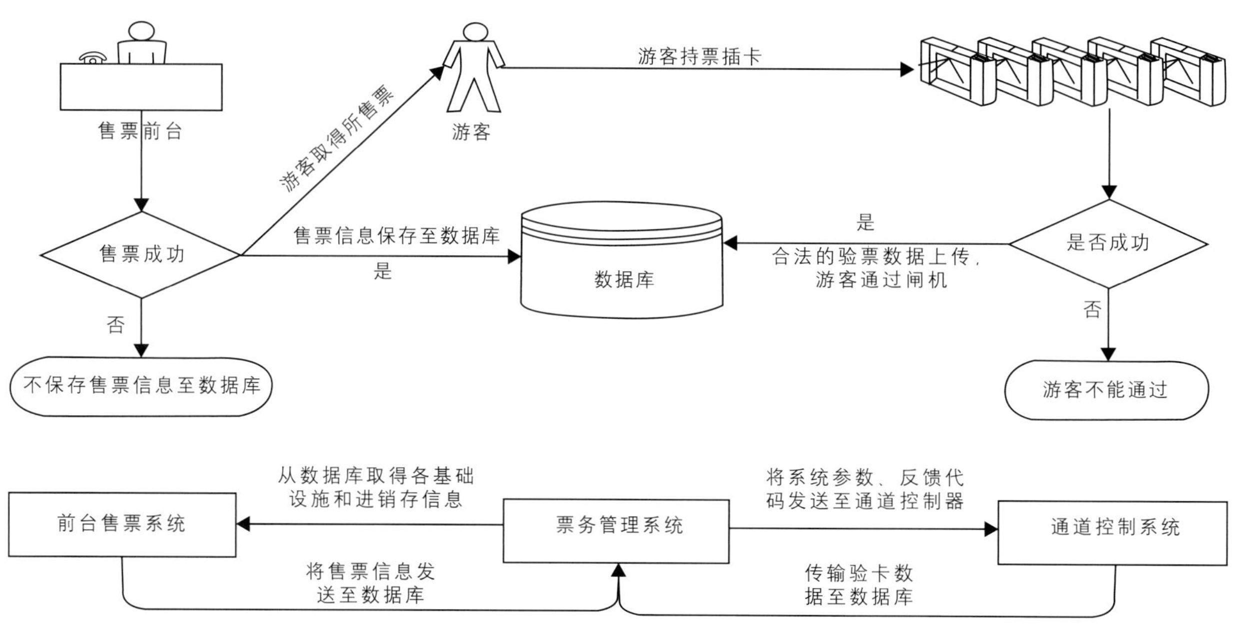

7-7 售验票系统

五、电视转播和现场评论系统

电视转播系统是将各摄像机位的摄像信号、现场评论员席的电视信号送至停于室外的电视转播车，进行编辑后，通过转播机房的光缆接口传输至电视台，然后向外转发。

鉴于该系统自身的使用特点，业主方不提供本系统所需的设备，本设计只根据奥组委提供的标准和要求，以及对场馆建筑的技术需求，在场馆的设计和施工上给予最基本的条件预留。

① 主播摄像机机位。

② 电视转播技术用房。

③ 混合区：设置充足的环境照明，同时设有缆沟及接口，以满足电视转播的需要。

④ 广播电视综合区。

⑤ 电气缆沟。

⑥ 供配电。

六、主计时时钟系统

本系统主要是为赛场工作人员、竞赛官员、裁判、运动员、观众提供准确、标准的时间，同时也可以为体育场（馆）的智能化系统提供标准的时间源。系统设计包括GPS（全球定位报时卫星）校时接收设备、中心时钟（母钟）、数字式和指针式子钟、系统控制管理计算机、时钟数据库服务器和通信连接线路组成。

体育馆智能化系统可以通过馆内计算机网络，获取主计时时钟系统数据库服务器中的标准时间，用于同步智能化系统中各子系统的工作。

七、升旗控制系统

升旗控制系统主要是为比赛组织者在赛会期间，提供一个为比赛升旗服务的控制系统。

系统由电动升旗旗杆、现场同步控制器、后台控制系统等组成。

八、比赛中央控制系统

本系统非奥组委必须，仅前期规划，业主根据需要建设。

场馆专用系统包括9个子系统：

① 屏幕显示及控制系统。

② 扩声系统。

③ 场地照明及控制系统。

④ 计时记分及现场成绩处理系统。

⑤ 现场影像采集及回放系统。

⑥ 售验票系统。

⑦ 电视转播和现场评论系统。

⑧ 主计时时钟系统。

⑨ 升旗控制系统。

以上各系统基本独立运行、各自操作，建设比赛中央控制系统，通过相应的系统集成软件，利用场馆信息网络系统，实现对以上系统的集成，做到在奥运比赛期间，为比赛组织者提供一个为比赛服务的集成控制环境，以便于系统操作人员集中管理，实现资源共享，避免重复投资。

九、体育竞赛综合管理系统

体育竞赛综合信息管理系统是奥运会组织、运行的支撑，是媒体、公众及其他与会人员获取奥运信息的主要途径，将为奥运会提供安全、可靠、及时、便捷的信息服务。

奥运会期间的体育竞赛综合管理系统的网络设备及应用软件，业主不提供，均由奥组委自备，并在赛后拆除，在本设计中，为该系统的正常运行提供相关信号通道和基本运行条件，并负责国家体育馆赛后运营的系统设计。

1. 系统构成

① 数据传输和计算机信息网络系统。

② 计时记分与现场成绩处理系统。

③ 现场录像采集及回放系统。

④ 电视转播摄像和现场评论系统。

2. 数据传输和计算机信息网络系统

本计算机信息网络系统首先应满足国家体育馆内举行的各类体育比赛的要求，同时该信息系统也可处理不同地区和赛场的竞赛信息。因此，本信息系统是整个国家体育馆建设的重要组成部分，应能承担综合性运动会的信息传输和信息发布的载体任务，同时在赛后运营期间，应用于商业活动和办公自动化。主要包括四部分：人员注册系统网、成绩处理系统网（包括竞赛现场成绩处理系统网和综合成绩处理系统网）、信息查询系统网（包括内部Intranet信息查询、外部Internet信息查询等）和办公自动化网（包括比赛管理和体育馆业务管理、指挥调度等）。

十、公共信息系统

1．系统要求

国家体育馆内设置一套公共信息显示系统，通过设在各处的31套触摸式显示屏，为参赛人员或观众提供方便快捷的多媒体信息服务。

2．系统拓扑（图7−8）

3．系统软件结构及实现功能

系统软件结构如图7−9：

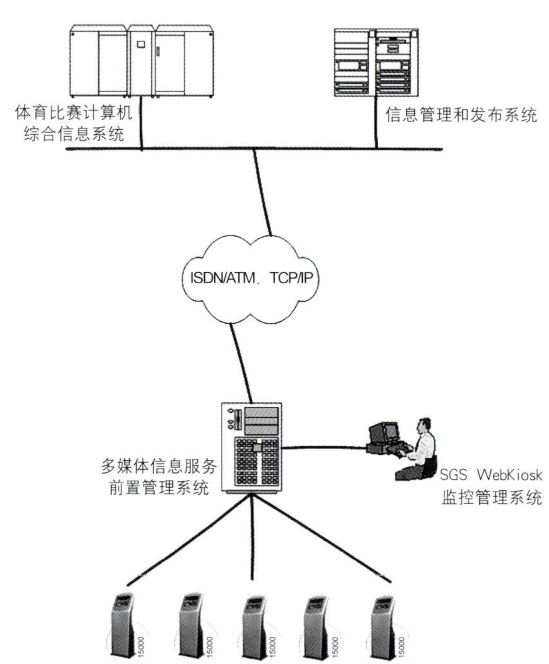

7-8 国家体育馆多媒体信息查询服务系统拓扑结构

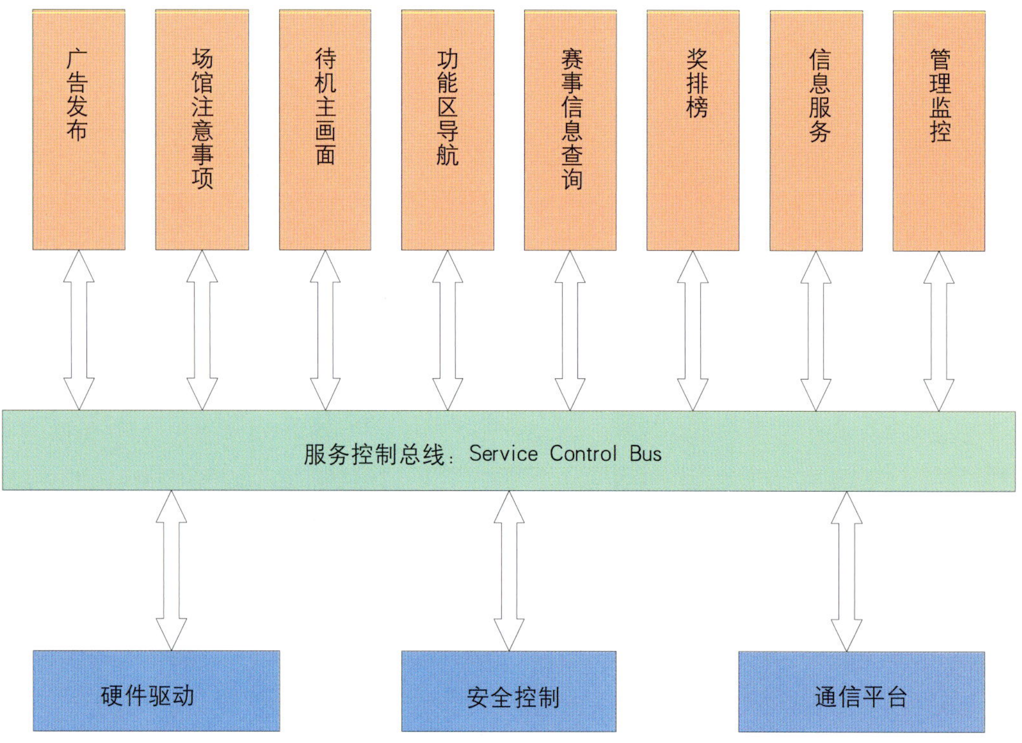

7-9 系统软件结构

十一、办公自动化系统

办公自动化系统主要为奥组委和体育馆经营者提供办公和文件管理、设备综合管理、人事综合管理、财务综合管理及管理者查询等，为体育馆管理者提供良好的信息环境，提供快捷有效的信息服务。

1. 系统组成（图7-10）

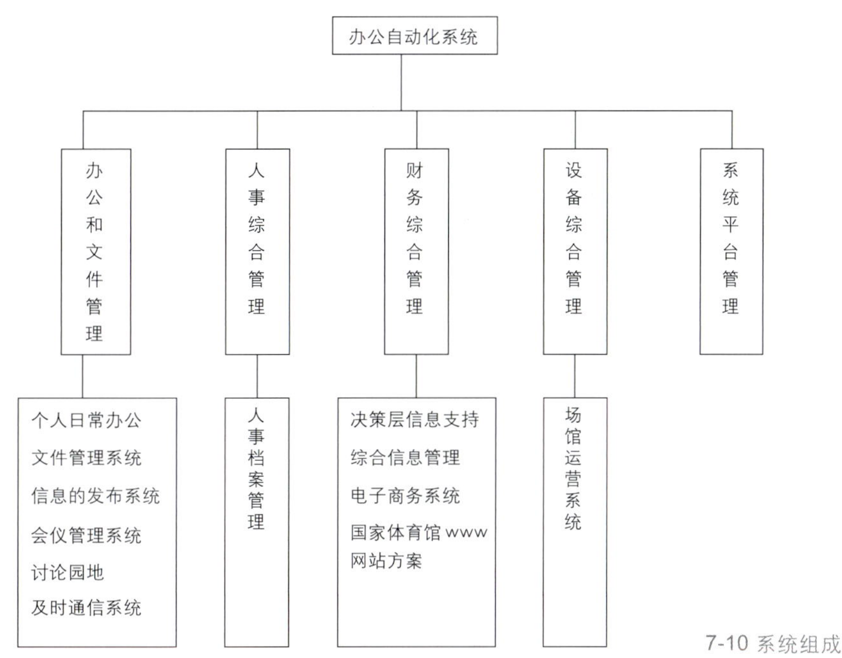

7-10 系统组成

2. 系统结构（图7-11）

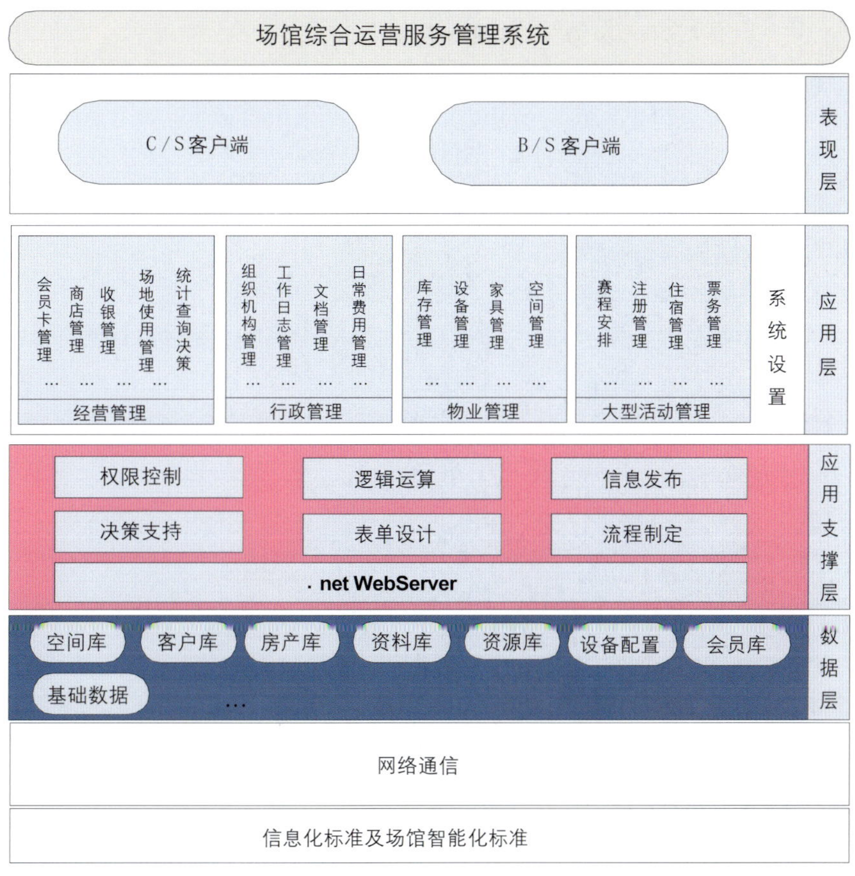

7-11 系统结构

第八章 给水排水与消防系统设计

第一节 概述

一、设计依据

以国家现行的《建筑给水排水设计规范》GB 50015-2003、《体育建筑设计规范》JGJ 31-2003、《国家体育馆奥运工程设计大纲》以及国际体操联合会技术规程、国际手球联合会技术规程为主要设计依据。

二、设计原则

充分体现“科技奥运”和“绿色奥运”的理念，贯彻环保、节能、资源综合利用的方针，在满足功能要求的前提下力求经济合理、技术先进、安全可靠。

三、设计范围

设计包括生活给水系统、生活热水系统、中水给水系统、污水系统、废水系统、雨水系统、消火栓给水系统、自动喷水灭火系统、固定消防炮灭火系统、水喷雾灭火系统、DDC自动控制系统。

第二节 系统介绍

一、生活给水系统

(1) 水源由城市自来水管网供给，分别从景观路和中一路上的市政给水管引入两根DN200给水管，在规划红线内连成环状管网，供本工程生活用水。

(2) 从室外环状管网引入两根DN200给水管，在馆内连接成环状管网供水，供水压力为0.25MPa。

(3) 为充分利用市政供水压力，给水系统分为高、低2个区，地下一层至二层为低区供水系统，由市政水直供；三四层为高区供水系统，由变频泵组加压供水。生活贮水调节水箱有效容积为38m^3。为保证供水水质，水箱出口设有紫外线消毒器。

二、生活热水系统

(1) 体育馆的热水供应范围，主要是运动员、裁判员浴室及卫生间，热水用水点集中在首层，系统采用定时供应系统。为降低能耗，较少热水输送损失，三层贵宾包间的热水由电热水器提供，其他房间一律不提供热水供应。

(2) 全年由水源热泵系统提供热源，当冬季水源热泵供水温度无法满足生活热水水温要求时，由市政热力作为补充热源。

(3) 热水系统采用干管同程式循环系统，补水由市政水直接供给。生活热水的水质标准符合现行的国家标准《生活饮用水卫生标准》（GB5749-85）的要求。

三、中水给水系统

(1) 水源一由城市中水管网供给，分别从景观路和中一路上的市政中水管引入两根DN200中水管，在规划红线内连成环状管网，供本工程冲厕、室外绿化用水，中水水质标准满足国标要求。水源二为处理后的再生雨水。

(2) 体育馆从室外环状管网引入两根DN200的中水给水管，在室内连成环状管网供水。市政中水压力为0.2MPa。

(3) 供水范围：冲厕及室外绿化用水。

(4) 中水给水系统分为高、低两个区，地下一层至二层为低区供水系统，由市政中水直供；三四层为高区，由变频泵组加压供水。调节水箱有效容积为34m^3。

四、生活排水系统

(1) 体育馆室外污废水管和雨水管为分流制，污水经过室外化粪池处理后排入市政污水管线。淋浴等流量较大废水直接排入市政污水管线，厨房内的含油废水经过室内的隔油具和室外隔油池后再排入市政污水管线。

(2) 体育馆的污废水最终接入景观路和中一路上的市政污水排水管线。

(3) 室内污、废水采用分流制。由于首层地面低于室外自然地面3.5m，首层及其以下的排水无法采取重力流排出方式，因此地下一层及首层污、废水分别排至室外后，由污（废）水泵提升排至室外管网；二层以上为单独的排水系统直接排至室外。

(4) 排水管道均设置环形透气管，保证体育馆内排水管道排水通畅。

五、雨水收集系统

为充分体现"绿色奥运"精神，满足"奥运工程环保指南"的要求，将体育馆屋面及下沉广场内雨水分别收集，收集的雨水用于绿地灌溉。

（1）屋顶雨水分两部分收集，一部分经东侧压力流雨水管进入室外雨水管道，收集到场馆东南侧绿地内的3#雨

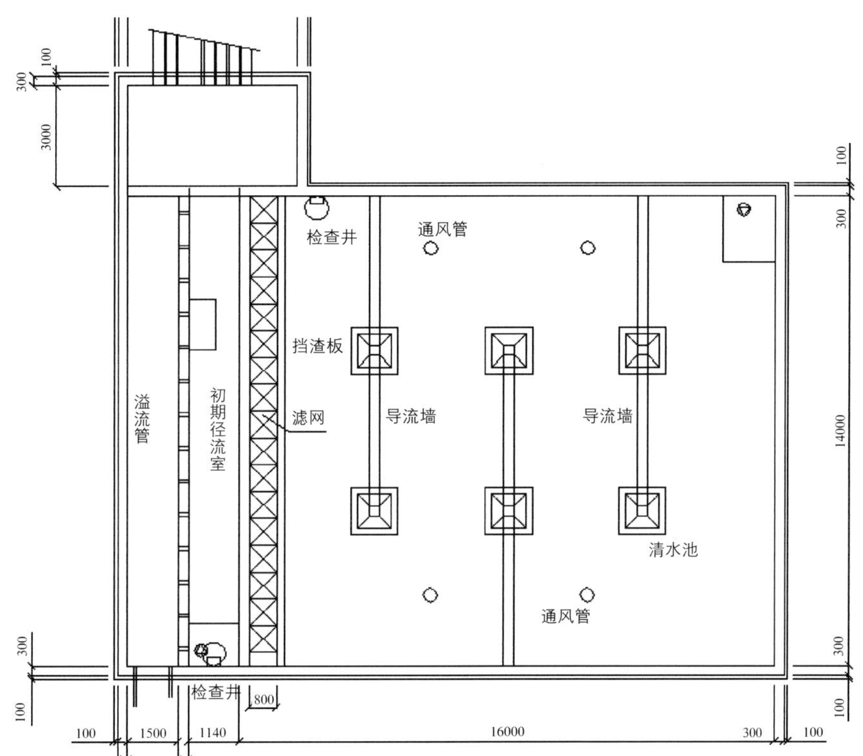

8-1 雨水收集系统蓄水池平面

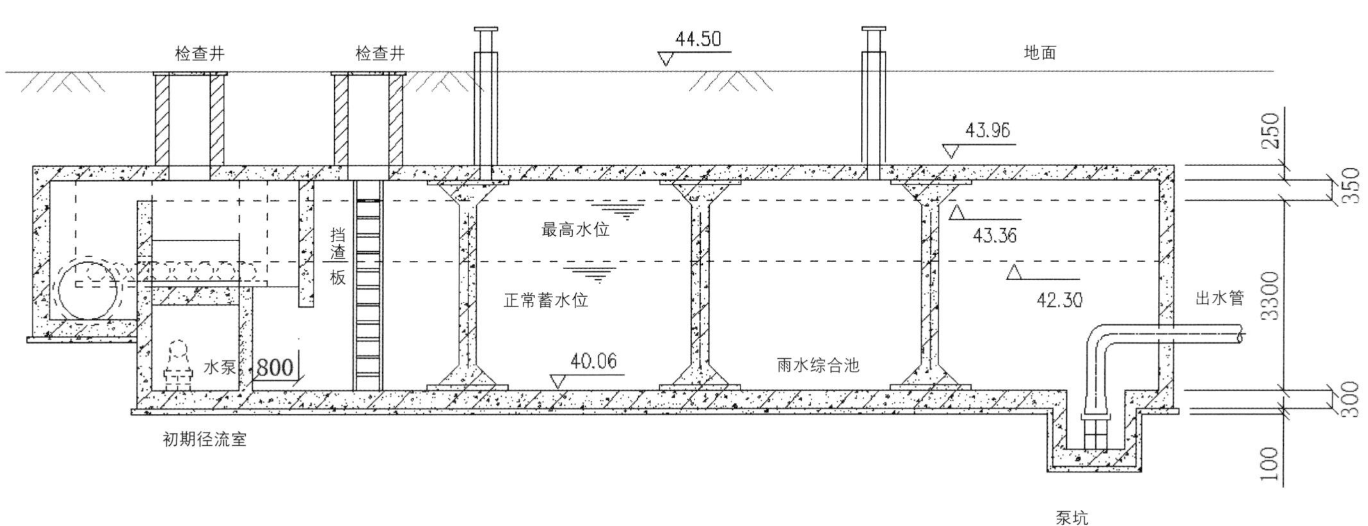

8-2 雨水收集系统蓄水池剖面

水综合池内，蓄水池容积736m³（调蓄容积236m³）；另一部分经西侧压力流雨水管进入室外雨水管道，收集到场馆西北侧绿地内的4#雨水综合池内，蓄水池容积736m³（调蓄容积236m³）。雨水综合池包括初期径流池、清水池、溢流堰等设施。雨水先进入初期径流池，经去除初雨后进入清水池。清水池是雨水综合池的主要蓄水空间。清水池内的雨水由水泵提升，主要用于灌溉绿地。超过设计标准雨水经溢流堰溢流至市政管道。详见图8-1～图8-3。

(2)下沉广场雨水收集系统也分为东西两部分布置，西部2#雨水综合池主要收集场馆西面下沉广场的雨水，蓄水容积300m³；东部1#雨水综合池收集场馆北部、东部广场的雨水以及坡道和部分坡向广场的绿地产成的径流，蓄水容积300m³。雨水综合池包括初期径流池、清水池、溢流堰、集水池等设施。降雨初期产生的小流量雨水流入初期径流池，随着流量的增加，初期径流池蓄满，雨水漫流进入清水池。清水池是雨水综合池的主要蓄水空间，池内设置水泵提水用于绿地灌溉。随着降雨的继续，当水位逐渐升高超过溢流堰时，超标准雨水将分别翻过溢流堰进入1#、2#雨水泵坑，雨水泵坑中设置水泵，当池内水位过高时启动水泵将雨水抽入市政管道。详见图8-4。

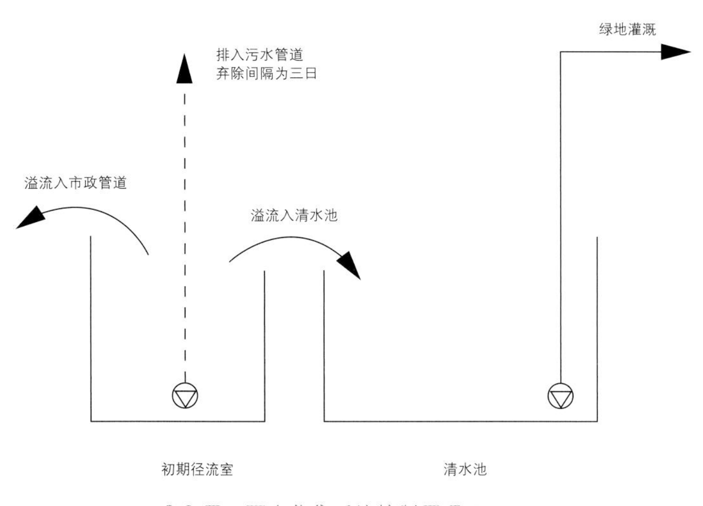

8-3 屋面雨水收集系统控制原理图

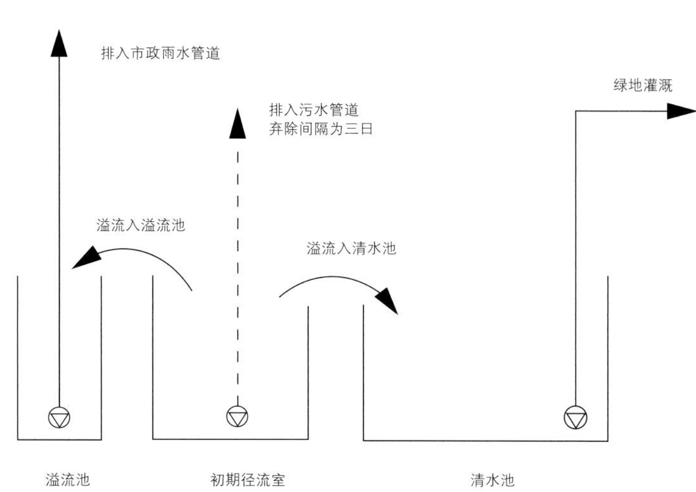

8-4 下沉广场雨水收集系统控制原理图

六、雨水排放系统

体育馆周边市政雨水干线按5年重现期降雨强度、综合径流系数0.5设计。

1. 屋面雨水排放系统

1）屋面雨水采用虹吸式压力流排水系统，设计重现期取10年，屋面排水设施和溢流设施的总排水能力按照50年计算。蓄水池调蓄能力按照5年一遇降雨外排雨水的洪峰汇流系数不大于0.5计算。

2）根据北京市水利科学研究所技术报告分析结果，每个屋面雨水蓄水池容积为736m³，其中调蓄容积为236m³。

2. 下沉广场雨水排放系统

1）下沉广场的地势较低，雨水无法向外部雨水管道自然溢流，必须采用水泵提升方式。因此，另设1#、2#雨水泵坑作为雨洪利用系统的调蓄空间。设计重现期取3年，蓄水池调蓄能力按照5年一遇降雨外排雨水的洪峰汇流系数不大于0.5计算。

2）1#、2#雨水泵坑有效容积各为500m³，兼做调蓄池使用，每个泵坑内设有6台（5用1备）雨水提升泵，根据雨量大小，逐台启动。排水能力能够满足50年一遇设计标准。

七、消防给水系统

1. 室外消火栓给水系统

室外消火栓系统的消防水源为市政水，从景观路和中一路上的市政给水管引入两根DN200给水管，水压为0.25MPa，在建筑红线内布置成环状管网，室外地下式消火栓由环状给水管网上接出。室外消火栓距道路边不大于2m，距建筑外墙不小于5m均匀布置。

2．室内消火栓给水系统

室内消火栓系统采用贮水池、消防泵、高位水箱联合供水方式，系统竖向不分区，全馆为一个消火栓供水系统，平时消火栓管网由屋顶水箱保证系统最不利消火栓的静水压力要求，消火栓环状管网设在地下一层。

3．自动喷水灭火系统

自动喷水灭火系统为湿式系统，火灾危险等级为中危险级II级，喷水强度为8L/min·m^2，作用面积160m^2。室内喷洒用水量为30L/s，自动喷水水管入口处压力为0.6MPa。消防泵房内设两台变流稳压自动喷水加压泵，四层屋顶水箱间内设与消火栓系统合用的18m^3消防水箱及稳压装置。

4．固定消防水炮给水系统

根据消防性能化设计结果，比赛馆内设置固定式远控消防水炮灭火系统。由于只采用远程控制消防水炮与加压泵的联动，水炮系统不设高位增压稳压设备，屋顶消防水箱仅做为本系统平时充水使用。

水炮装置采用遥控、自控和手动三种方式喷水灭火。水炮水平扫射（旋转）180°，上下喷射角度共145°，向上+100°，向下−45°。水炮启动为远距离手动和自动两种方式，消防炮位处设置消防水泵启动按钮。

5．水喷雾灭火系统

位于地下一层的柴油发电机房设置水喷雾灭火系统，设计喷雾强度20L/min·m^2，持续喷雾时间0.4h，响应时间45s，水雾喷头工作压力0.35MPa，保护面积按设备外型尺寸确定。

消防泵房内设两台水喷雾泵加压泵，由于机房位于地下，水喷雾系统可直接采用屋顶消防系统合用水箱稳压，不再设增压设施。

水喷雾灭火装置同时设有自动控制、手动控制和应急操作三种控制方式。

柴油发电机周围设置排水沟，排除喷雾形成的废水。喷头采用开式水雾喷头。

八、 气体灭火系统

一层固定通讯设备用房、移动通讯设备用房、数据网络中心、综合布线分配间、计时计分处理机房等不宜用水灭火的房间，设置气体灭火系统。因每个防护区面积为128m^2，房间布置较分散，采用了无管网七氟丙烷气体灭火系统。

灭火方式采用全淹没灭火方式，在规定的时间内喷射一定浓度的七氟丙烷灭火剂，并使其均匀地充满整个保护区，将在其区域里任意部位发生的火灾扑灭。

采用自动、手动、机械应急操作3种控制方式。防护区设有泄压装置。防护区内通风管道上的电动阀在灭火剂喷放前全部关闭，灭火后通风设备可及时将废气排出。

第九章　声环境设计

第一节　建声系统

一、概述

随着北京奥运会和残奥会的圆满结束，在我国体育健儿取得优异成绩的同时，各项奥运体育建筑的优良性能，也得到世人的认可。在这些体育建筑中，综合体育馆与体育场、游泳馆、专项体育馆相比，对建筑声学环境的要求更高，因为体育场属于开放空间，游泳馆和专项体育馆的用途比较单一，而综合体育馆不但要满足体育比赛的使用要求，还要满足大型文艺演出和大型群众集会的使用要求。在体育馆建筑中，特大型体育馆由于体积巨大，更是声学设计的难点。位于奥林匹克国家公园的国家体育馆是本次奥运会众多新建体育建筑中最大的综合体育馆之一，可容纳1.8万名观众，属于特大型综合体育馆。本章主要介绍该体育馆的声学设计，并对特大型综合体育馆中的一些建筑声学设计问题进行探讨。

1.主要建筑设计特点

奥运体育建筑中特大型综合体育馆在建筑上主要有以下几个特点：

（1）容纳观众数量多。根据《体育建筑设计规范》（JGJ31—2003），特大型体育馆的定义为容量大于1万座，而本章介绍的两个体育馆的容量均在1.8万，比上述规定高出近1倍。

（2）体积巨大。在上述规范中，混响时间指标根据体育馆的体积分为三档，大于80000m^3、40000～80000m^3、小于40000m^3，而国家体育馆的容积为510900m^3，北京奥林匹克篮球馆的容积347400m^3，比规范中最高档的体积高4～6倍。

（3）采用桁架的形式。早期的体育馆，如首都体育馆，多在屋顶结构下设置装修吊顶；而在北京亚运会时建造的体育馆基本上就取消了装修吊顶，屋顶的结构形式多采用网架；而此次为北京奥运会建造的体育馆屋顶的结构形式采用了桁架，而且由于跨度很大，屋顶系统的承载力有限。

（4）轻质屋面。屋面均采用轻质金属屋面材料。

（5）连通空间形式。以前的体育馆的比赛大厅多为单独的封闭空间，与休息厅分隔，而近期建造的体育馆多采用连通空间形式，即将比赛大厅与休息大厅连通为一个空间。

（6）用途多样。奥运会的体育馆不仅要考虑奥运会期间的体育比赛，还要考虑赛后的使用，包括文艺演出和大型集会等用途。

2.建筑声学设计难点

由于上述建筑特点，在建筑声学设计中产生如下难点。

（1）混响时间指标的确定。根据《体育建筑设计规范》，大于80000m^{3}的特级和甲级体育馆混响时间为1.7s，而本章介绍的特大型体育馆的体积比规范中最大体积要大4～6倍，所以，如何制定体育馆的混响时间设计指标，是一个值得探讨的问题。

（2）混响时间的控制。由于体积巨大，而且比赛大厅与休息大厅连通为一体，由于混响时间与体积成正比，所以如何控制混响时间是一个比较重要的问题。

（3）吸声材料的布置。由于体育馆屋顶采用了桁架的结构形式，所以对吸声体的布置形式有较大的限制。另外由于比赛大厅与休息大厅连通，比赛大厅内墙面很少，而休息厅墙面多为玻璃幕墙，所以能够布置吸声材料的界面很少。

（4）屋面的隔声性能的增强。由于屋面多采用轻质金属屋面，本身隔声能力较差，所以必须增强其隔声性能，包括空气声隔声和雨噪声隔声性能。

（5）声学缺陷的防治。由于体育馆的体积巨大，而界面相对较少，所以声波的平均自由程很大，容易出现回声，另外由于这两个体育馆都采用了比赛大厅与休息厅连通的形式，容易在比赛大厅和休息大厅中产生声耦合作用，这两个问题都是较大的声学缺陷，必须进行预防和治理。

二、国家体育馆声学设计

1.概况及特点

国家体育馆位于奥林匹克公园中心区的南部，与国家体育场（"鸟巢"）、国家游泳中心（"水立方"）毗邻而居，是奥林匹克中心区标志性建筑之一。体育馆屋顶曲面近似扇形，如行云流水般飘逸又富于动感，四周竖立的钢骨架与大面积晶莹剔透的玻璃幕墙相映衬，犹如一把张开的中国扇，彰显出中国文化的内涵，这是奥林匹克中心区三大体育建筑中唯一的完全由我国自行设计的体育建筑。

国家体育馆平面呈矩形，观众席长约140m，宽约110m，比赛场地长约74m，宽约43m，屋顶为单向波浪弧形，比赛场距屋顶最高处的高度约为40m。比赛大厅与观众休息大厅连为一体，有效容积（包括观众休息大厅）为510900m^3，容纳约1.8万名观众（赛时），每座容积为28.4m^3。图9-1为国家体育馆平面图，图9-2为剖面图。

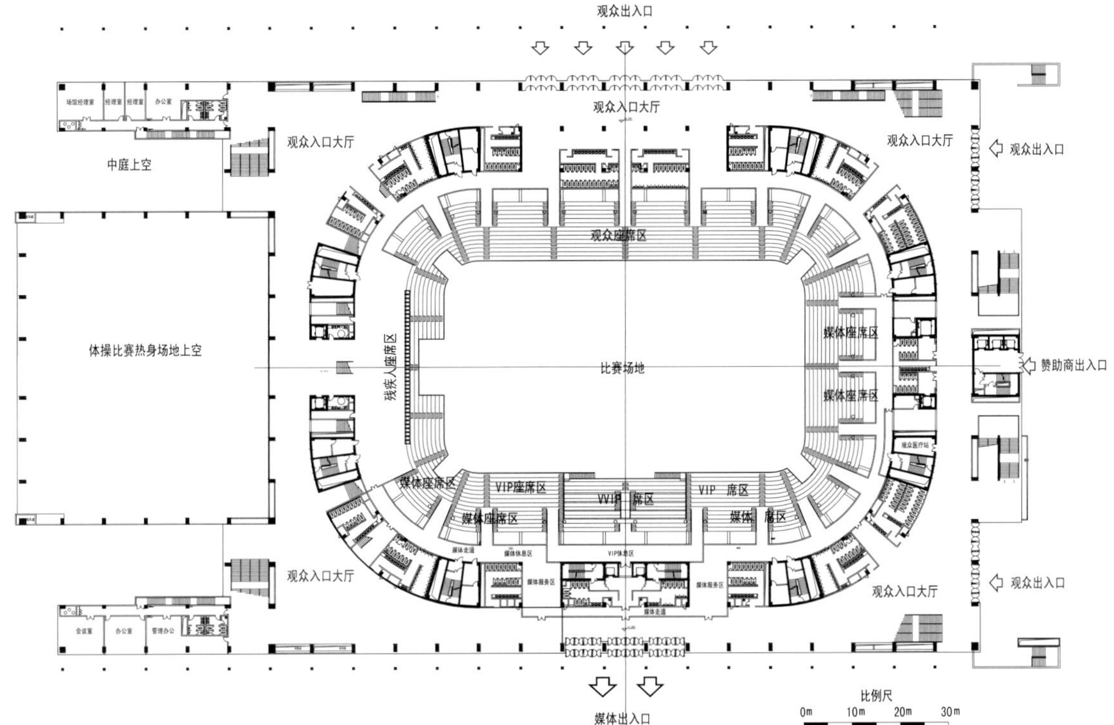

a 观众入口层平面

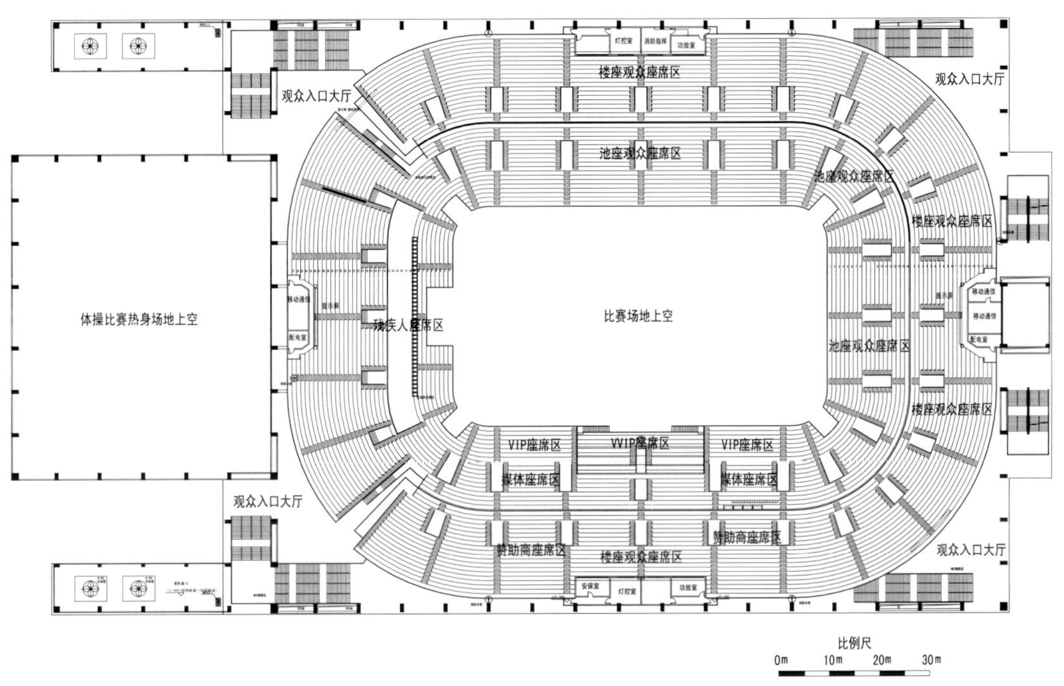

b 五层平面

9-1 国家体育馆平面

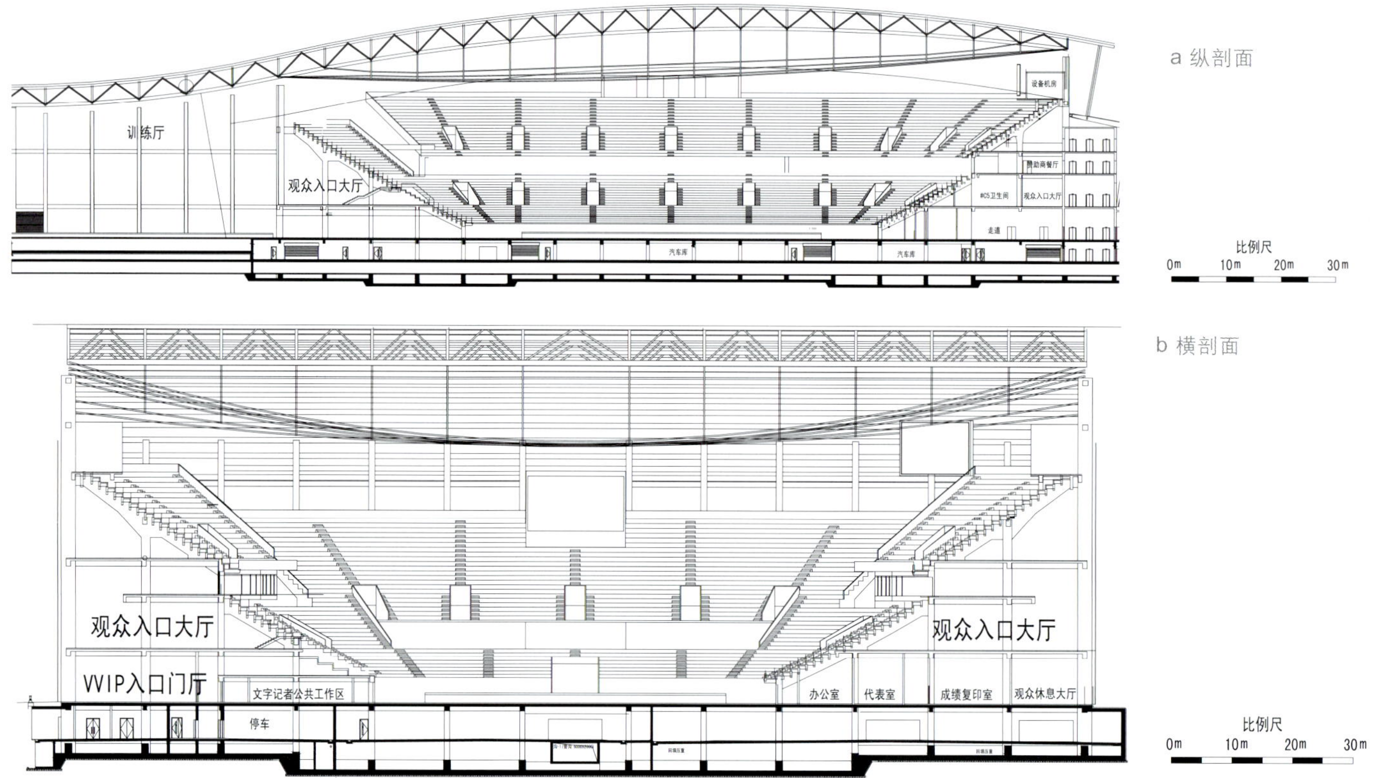

9-2 国家体育馆剖面

2. 声学设计指标的确定

对于体积大于80000m^3的特级和甲级体育馆，根据《体育建筑设计规范》(JGJ 31—2003)，混响时间设计指标（满场，中频）为1.7s，并允许有0.15s的变动范围，即小于1.85s，而根据《体育馆声学设计及测量规程》(JGJ/T 131—2000)，混响时间设计指标(满场，中频)为1.5～1.9s。由于本体育馆的体积远大于80000m^3，而混响时间是与体积成正比的，所以，要使该体育馆达到较低的混响时间是非常困难的，也是不现实的。对于体育馆来说，由于不存在使用自然声的可能性，所以建筑声学设计的主要目的就是保证体育馆内电声系统能够达到良好的效果，而随着电声技术的发展和电声设备的更新，电声系统对建声条件的要求也有所降低。所以我们主要根据要求相对宽的《体育馆声学设计及测量规程》(JGJ/T 131—2000) 制定了如下建筑声学设计指标。

国家体育馆混响时间设计指标　　表9—1

项目	中频满场混响时间设计指标（s）(500Hz和1000Hz的平均值)	各频率混响时间相对于中频混响时间的比值			
		125	250	2000	4000
设计指标	1.9	1.0～1.3	1.0～15	0.9～1.0	0.8～1.0

（1） 混响时间（满场）

混响时间设计指标见表9—1。

（2）噪声限值（dBA）

背景噪声应低于35dBA，噪声评价曲线NR－30；

空调运行并达到使用工况时，低于40dBA，噪声评价曲线NR－35。

（3）无音质缺陷

大厅内不得出现明显的音质缺陷（回声、颤动回声和声聚焦等）。

3. 声学设计措施

（1） 建声设计的主要问题

从声学角度，国家体育馆主要存在以下问题：

● 比赛大厅内的屋顶呈凹弧形，容易产生声聚焦和回声等声学缺陷。

● 比赛大厅和休息大厅连为一体，一方面增大了容积，从而增大控制混响时间的难度，另一方面易产生耦合效应。

● 比赛大厅四周无墙面，而与之连通的休息厅的外围护结构是大面积的玻璃，可以用来布置吸声材料的面积十分有限。

（2） 屋面系统的声学设计

由于该体育馆的墙面很少，所以可以进行吸声处理的重要部位就是屋顶。由于屋顶呈凹弧形，所以在进行吸声处理时除了要考虑增加吸声量，控制混响时间外，还必须考虑消除可能出现的声聚焦和声反射等声学缺陷。为此我们选择了如下措施：

① 在屋架内悬吊垂片式吸声体：由于本体育馆体积巨大，体积超过50万m^3，每座容积高达28m^3/座，而可供布置吸声材料的界面又相对较少，总内表面积约96000m^2，仅靠在体育馆本身的界面上布置吸声材料不能满足控制混响时间的要求，必须增加相当大数量的吸声量，而最有效的方法就是悬挂空间吸声体。

空间吸声体由于各表面都暴露在声场中，所以吸声效率最高。吸声体的形式和材料除了必须满足声学要求外，还必须满足建筑装修风格和结构承载的要求。

● 形式的选择：国家体育馆外形像一把展开的折扇，显示了浓郁的中国特色，而在内部装修时，神似折扇关闭时扇骨形式的垂片，就成为一个不断重复的主题，如休息厅的吊顶，墙面的百叶等。为了与体育馆的整体风格相协调，经过与建筑师协商，在体育馆中采用了垂片式空间吸声体。吸声体呈矩形，高度为500mm，厚度为800mm，片间距为420mm，悬吊在桁架下弦上面的位置。

● 材料的选择：由于国家体育馆跨度很大，屋顶系统的承载能力有限，所以空间吸声体采用了无骨架空间吸声体，其芯材为用阻燃环保纤维织物毡进行封闭处理的80K离心玻璃棉板，面材为阻燃吸声布，板的边框是通过固化工艺将玻璃棉板的周边固化形成的，板和框为一体。该吸声体由于没有金属或木制的龙骨，所以重量很轻。其吸声性能良好，而且由于饰面材料与芯材复合良好，不易脱离。另外由于该产品的芯材用环保阻燃织物毡进行了封闭处理，所以不会出现玻璃棉纤维逸散的情况，环保性能良好，安装比较简便。

② 屋面板下进行纤维喷涂处理：由于体育馆的屋面为凹弧形，容易产生回声和声聚焦的声学缺陷，根据以往的经验，垂片式空间吸声体由于在两片之间有一定的距离，有时可能遮挡不住来自屋顶的反射声，所以不能完全消除声缺陷。为了解决这个问题，我们在屋面板下层做了25mm厚纤维喷涂。纤维喷涂技术是将经过预先特殊工艺处理的无机超细纤维、纤维素、抗火化合物以及胶粘剂等原料，通过专用配套的喷涂设备混合，在施工现场喷涂于混凝土、钢板、石膏板等各种基体表面上，形成具有一定厚度的喷涂层。纤维喷涂材料除具有一定的吸声能力外，还具有保温、绝热等功能，在以钢板作为基体时，还具有较好的阻尼作用，可以较明显地提高其隔声性能。所以采用此措施除了可以改变屋面的吸声性能，消除声聚焦和回声等声学缺陷外，还可以提高轻屋面的防雨噪声性能，提高轻屋面的空气声隔声性能，并具有一定保温作用。

（3） 其他部位声学设计措施

① 由于顶部的空间吸声体和纤维喷涂的吸声频率主要在中高频，而低频的吸声能力稍弱，为了控制体育馆的低频混响时间，我们在体育馆外围护墙上部内侧百叶内设置了穿孔FC板低频共振吸声构造，具体构造是在金属百叶后安装6mm厚穿孔FC板，孔径5mm，孔距25mm，板后贴一层无纺吸声纸，板后空腔400mm，共振频率为125Hz。

② 在观众席三层赞助商包厢外墙面，除玻璃窗外其他部分采用木质吸声板吸声构造，具体构造为：18mm厚木质吸声板，28/4M，穿孔率7.5%，板后贴无纺吸声纸，板后空腔150mm，空腔内填50mm厚40K离心玻璃棉板。

③ 比赛场地周围有固定墙面的部分，采用木质吸声板吸声构造，具体构造同上。

④ 主席台和贵宾包厢采用吸声量较大的全软包座椅，普通观众席采用硬椅。

（4） 休息厅的声学处理

由于比赛大厅和休息厅是连通的，所以如果休息厅内的混响时间过长，可能会与比赛大厅产生声耦合效应，出现声学缺陷，影响语言的清晰度，所以必须在休息厅内也进行一定的声学处理。结合休息厅的装修设计，在休息厅采取了以下声学处理措施。

① 观众休息厅内坐席下斜板吊顶内采用玻璃棉吸声构造，具体构造为：50mm厚40K玻璃棉板外包玻璃丝布，放于斜板吊顶上。

② 观众休息厅内16m板下垂片吊顶内采用玻璃棉吸声构造，具体构造为：双层轻钢龙骨，50mm厚40K离心玻璃棉板外包黑色玻璃丝布，与楼板之间留50mm的空腔，下罩钢板网刷防锈漆。

4. 声学测试结果

在体育馆竣工后对比赛大厅的混响时间进行了测量，测量方法按照JGJ/T 131－2000《体育馆声学设计及测量规程》。

（1）测量条件

测量时比赛大厅内普通观众席已经安装了座椅，但主席台和记者席未安装座椅，墙面和顶部装修基本完毕，空间吸声体吊挂完成，比赛场地内未装修完毕，表面为水泥地面。

（2）空场测量数据

测量在观众席内进行，共测量了15个点。由于比赛场地内正在施工，所以未在比赛场地内进行测量。测量数据见表9-2。

国家体育馆混响时间测量数据

表9-2

项目	信频程混响时间（s）					
	125Hz	250Hz	500Hz	1000Hz	2000Hz	4000Hz
空场	3.70	3.43	3.18	3.40	3.32	2.71
满场	2.75	2.20	1.92	2.00	1.76	1.51

国家体育馆满场混响时间计算表

表9-3

项目	内容	公式或符号	频率（Hz）					
			125	250	500	1000	2000	4000
体育馆参数	体育馆体积	V（m^3）	445000	445000	445000	445000	445000	445000
	体育馆总内表面积	S_T（m^2）	41481	41481	41481	41481	41481	41481
	观众数量	S_G（m^2）	18000	18000	18000	18000	18000	18000
空场计算	空场混响时间（实测）	$S_{空场}$（s）	3.70	3.43	3.18	3.40	3.32	2.71
	1n（1－a_1）	$k=0.016v/-S_TT$	－0.467	－0.504	－0.543	－0.508	－0.520	－0.637
	（1－a_1）	D=exp(K)	0.627	0.604	0.581	0.602	0.594	0.529
	空场平均吸声系数	$-a_1=1-D$	0.37	0.40	0.42	0.40	0.41	0.47
	空场总吸声量	$A_1=S_Ta_1(m^2)$	15472	16411	17384	16522	16825	19550
满场计算	玻璃钢硬椅吸声量*	a_s	0.014	0.018	0.02	0.036	0.035	0.028
	人坐在硬椅上的吸声量*	a_p	0.23	0.36	0.42	0.45	0.54	0.51
	每个座椅吸声增量	$a_z=a_p-a_s$	0.22	0.34	0.40	0.41	0.51	0.48
	增加吸声量	$A_z=a_zS_G(m^2)$	3888	6156	7200	7452	9090	8676
	满座总吸声量	$A_2=A_1A_z(m^2)$	19360	22567	24584	23974	25915	28226
	满座平均吸声系数	$a_2=A_2/S_T$	0.47	0.54	0.59	0.58	0.62	0.68
	满场混响时间（计算值）	$T_{满场}=0.161V/-S_T(1-a_2)$(s)	2.75	2.20	1.92	2.00	1.76	1.51

* 玻璃钢硬椅和人坐在硬椅上的吸声量选自《建筑声学设计手册》中第四章第6节吸声系数表中第（7）项"听众和座椅的吸收量"（P177）。

国家体育馆混响时间设计指标与测量和计算结果的比较 表9–4

项目	中频混响时间（S）（500Hz和1000Hz的平均值）	各频率混响时间相对于中频混响时间的比值			
		125Hz	250Hz	2000Hz	4000Hz
设计指标	1.9	1.0～1.3	1.0～1.15	0.9～1.0	0.8～1.0
实测和计算结果	1.96	1.4	1.1	0.9	0.8

（3）满场混响时间计算过程

表9–2中的满场混响时间是根据实测的空场混响时间，用伊林公式计算得出的，计算过程见表9–3。

（4）测试结果分析

参考《体育馆建筑设计规范》JGJ31–2003所规定的特级、甲级体育馆（体积大于80000m^3）的声学要求，本体育馆的混响时间设计指标与测量和计算结果的比较见表9–4。

由于测量时体育馆的比赛场地内未铺设地板和其他运动设施，而比赛场地的运动设施对于中低频有较强的声吸收，所以在正常使用的条件下，比赛场铺设了运动设施后，对混响时间还会有一定的改善。

在奥运期间，国家体育馆的使用效果很好，是奥运会所有体育场馆中我国体育健儿获得金牌最多的体育场馆，我国体育健儿在国家体育馆内表现优异，共获得体操和蹦床项目的11块金牌，并在这两个项目上都有重大突破，这也从另一个方面说明，国家体育馆各方面的设计是成功的。

三、对特大型综合体育馆建筑声学设计问题的探讨

通过体育馆竣工后的测量结果和使用效果的综合比较，我们对特大型综合体育馆的建筑声学设计中的一些问题进行如下探讨：

1．混响时间设计指标的制定

对于体育馆来说，建筑设计的目的就是满足电声系统的要求，随着现代电声技术和器材的进步，对混响时间的要求也有所放宽。另外由于现代特大型体育馆体积巨大，而可以布置吸声材料的界面又十分有限，所以将混响时间设计指标定得过低，是不现实也是不必要的，而且需要大量的投资，对于体积大于30万m^3的特大型体育馆，中频满场混响时间在1.9～2.0s之间，就基本可以满足现代扩声系统的各种要求。这从体育馆的实际测量数据和举行文艺演出的实际效果可以证明上述结论。

2．空间吸声体的使用

空间吸声体是体育馆中控制混响时间的常用措施，但是否使用也应根据实际需要来确定。另外空间吸声体的选择必须考虑体育馆的总体风格，结构的承载等因素，应在和建筑设计师和结构设计师充分协商后确定。

3．综合屋面系统的声学设计

对于特大型综合体育馆，屋面系统是可以进行吸声处理的最大的界面，是建筑声学设计的关键，在进行屋面系统设计时，除了控制混响时间外，还必须考虑声学缺陷的消除和隔声性能的增强。

4.休息厅的声学处理

对于采用比赛大厅与休息大厅连通形式的体育馆，必须在休息厅内进行相应的吸声处理，否则可能在两个空间之间产生声耦合作用，产生声学缺陷，影响比赛大厅内的清晰度。

第二节 扩声系统

一、概况

国家体育馆是奥运场馆的重要组成部分。它作为国际一流的现代化综合性体育馆，在奥运会时主要用于体操和手球的比赛。奥运会后除进行各种大型国际体育比赛外，还可以举行包括演唱会、文艺演出、时装展示和魔术表演等多种大型活动，对声音效果有很高的要求。不仅要有清晰的语言扩声效果，还要有良好的音乐扩声效果。因此，体育馆内的电声系统必须具有技术先进、设计合理、使用方便，性能稳定、效果良好等特点。

国家体育馆平面呈矩形，观众席长约140m，宽约110m，比赛场地长约74m，宽约43m（图9–3～图9–5）；屋顶为单向波浪弧形，比赛场距屋顶最高处的高度约为40m。比赛大厅与观众休息大厅连为一体，有效容积（包括观众休息大厅）为547400m^3，容纳17700名观众，每座容积为28.2m^3，平均自由程为18m。

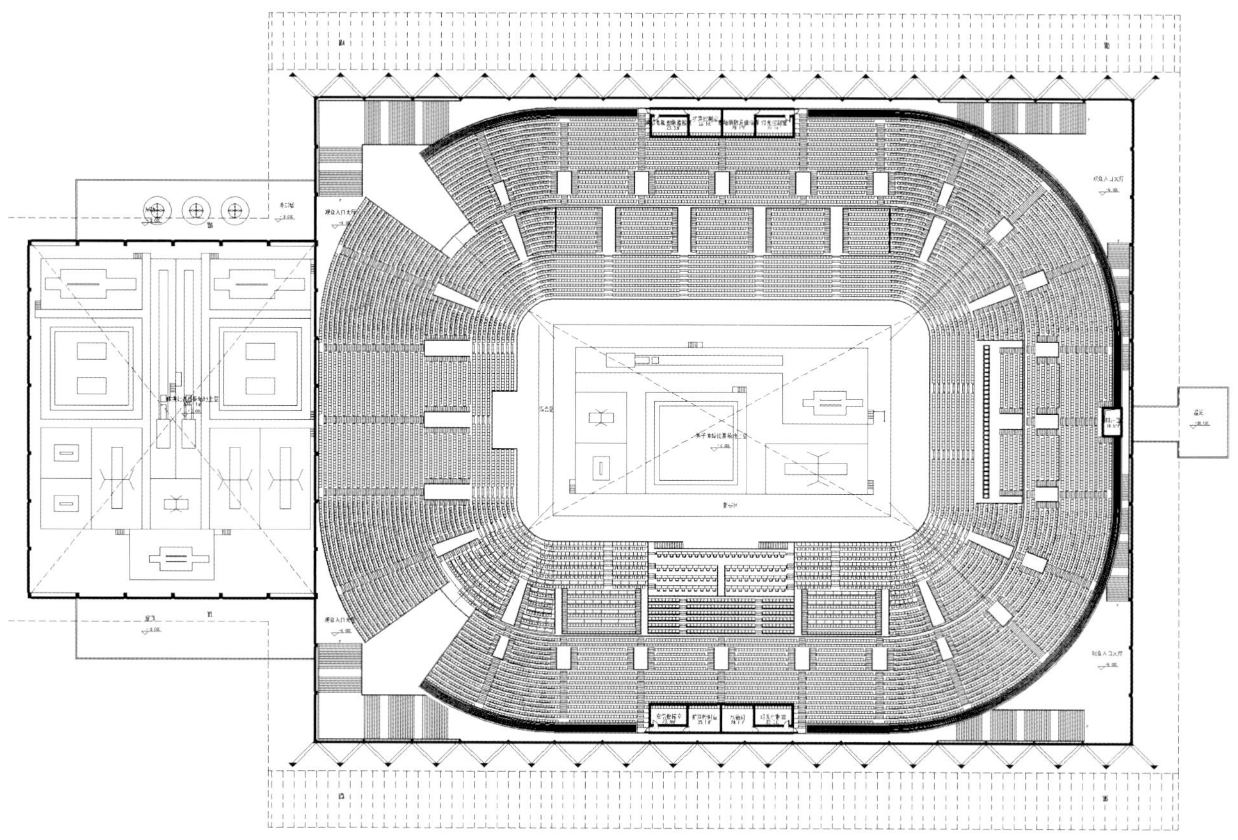

9-3 国家体育馆平面

二、设计指标

（1） 比赛大厅混响时间：满足《体育建筑设计规范》JGJ31－2003和《体育馆声学设计和测试规程》JGJ／T131规范中一级标准，即：

80%观众满场时中频（500Hz）混响时间为1.7s，低频（125Hz）相对于中频提升1.2倍，高频（2000Hz）为中频的0.9倍。

（2）比赛大厅主扩声系统电声指标：满足《体育建筑设计规范》JGJ 31－2003和《体育馆声学设计和测试规程》JGJ／T131标准中音乐与语言扩声系统一级标准，即：

- 最大声压级：≥105dB
- 传输频率特性：以125～4000Hz平均声压级为0dB，（125～4000Hz）±4dB
- 声场不均匀度：（1000和4000Hz）≤10dB
- 传声增益：125～4000Hz≥－10dB
- 语言传输指数STI：0.6～0.75

三、系统设计

数字调音台送出多路数字信号传送给数字处理器，将信号进行第一次处理后通过数字光纤接口分别传送至远端的两个功放机，通过光纤接收并传送给第二级的处理设备。信号经过第二级处理后以数字形式传送各扬声器组的多功能数字音箱处理器。在多功能数字音箱处理器中对音频信号进行分配、处理，严格控制每一组扬声器。光纤传输和数字传输的最大优势就是可以最大程度地减少信号在传输过程中的损失。

由于国家体育馆体积较大，而且休息厅与比赛大厅相互连通，而休息厅装修很难做较强的吸声处理，所以在休息厅与比赛大厅之间容易产生声耦合效应。另外外围护结构的大面积玻璃不易进行吸声处理，容易产生回声等声学缺陷。为了解决上述声学问题，在扬声器的选择与布置时，必须能够比较严格地控制声场的范围，即将声能主要集中在比赛大厅的观众席上，而尽量不让扩声的声能辐射到休息厅内和玻璃墙面上。因此，在布置扬声器时应尽量使得扬声器靠近观众席，以增加观众席上总声能中直达声

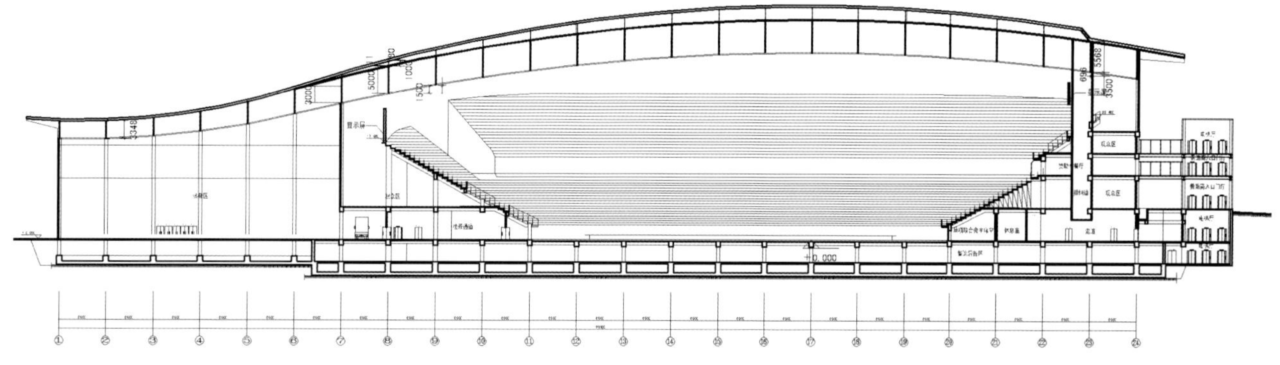

9-4 国家体育馆纵剖面

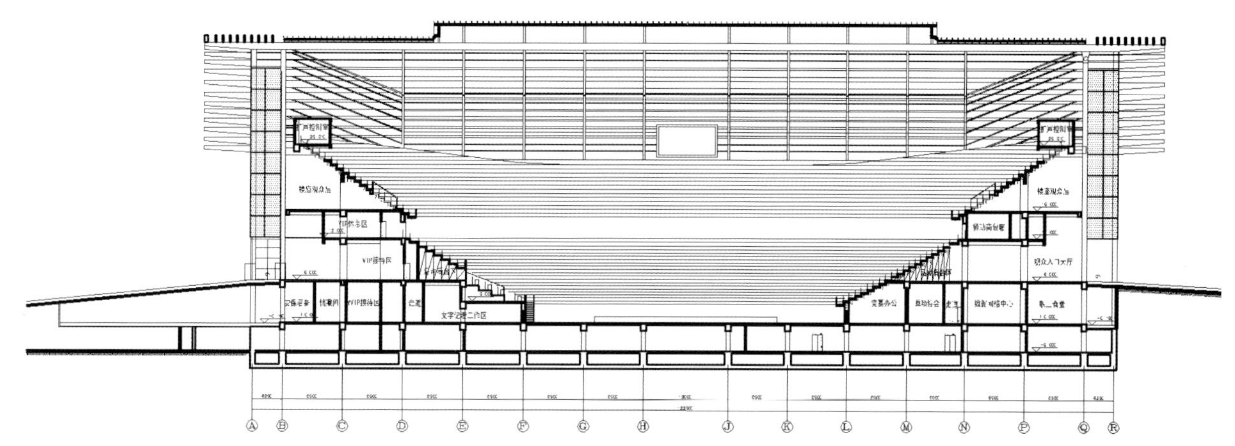

9-5 国家体育馆横剖面

能的比值，但考虑到安装和维修的方便以及建筑美观的要求，比赛大厅的主扩声扬声器采用了分区集中供声系统。将整个观众席分为十个区域，每个区域由一个扬声器组负责供声。根据每个供声区域面积的大小和位置，扬声器组分为两种不同的形式：

A型扬声器组：包含6个为观众席供声的全频扬声器和一个超低音扬声器。

B型扬声器组：包含4个为观众席供声的全频扬声器和一个超低音扬声器，另外还包括一个为比赛场地供声的全频扬声器。

扬声器组中负责观众席的全频扬声器分为两层，上层扬声器负责观众席上部，下层扬声器负责观众席下部。扬声器组安装在比赛大厅桁架下弦的内圈马道上，每侧马道上有2个A型扬声器组和3个B型扬声器组。整个比赛大厅内共布置了A型扬声器组4个，B型扬声器组6个。全频扬声器54个（其中6个负责比赛场地），超低扬声器10个。

除了上述安装在马道上的固定扬声器外，系统中还配置了8只流动全频场地扬声器和8只舞台返送扬声器，需要时可以连接在预留在比赛场地四周的扬声器接线箱，方便地在场地内的各处使用，提高了整个扩声系统的灵活性。

比赛大厅主扩声扬声器采用前级三分频控制，每组扬声器由一台多功能数字音箱控制器控制，音箱控制器具有分频网络、图示均衡、参量均衡、压缩限幅、时间延迟和噪声门等功能。来自调音台的声信号输入到数字音箱控制器后，按2通路、3分频输出到功放以推动扬声器。其中高频和中频输出分别送至控制全频扬声器箱高频单元和低频单元的功放，低频输出送至控制超低频扬声器箱的功放。数字控制器控制器的2个通路可独立进行控制调节，其中一个通路控制扬声器组中负责观众席上部的扬声器，一个通路控制负责观众席下部的扬声器。所有负责比赛场地的扬声器单独由一台多功能数字音箱控制器控制。采用这种方式可以比较精细地对不同区域的声场进行调节，以确保声场均匀度和频率响应满足设计标准的要求。

场地流动扬声器和流动返送扬声器各由一台多功能数字音箱控制器控制。每个多功能数字音箱控制器均可通过RS-485控制网络与音响控制室中的监控计算机相连，以便进行远程监控。

编后记

国家体育馆

- 一座与环境和谐共生的建筑
- 一座强调功能与节约并存的建筑
- 一座表里如一含蓄内敛的儒者建筑

在北京第29届奥运会期间，国家体育馆主要进行了体操比赛，并在这里向现场近两万名观众和数十亿电视观众展示了精彩的体操比赛——体育与艺术最完美结合的运动项目。在这座和谐含蓄的建筑内，中国队创纪录地取得9块金牌，约占中国金牌总数的20%。伴随着阵阵催人奋进的中国国歌，伴随着注目礼下缓缓升起的中国国旗，伴随着金光璀璨的奥运金牌，国家体育馆以其优良的品质和完善的设施，满载着荣誉，实现了历史性的辉煌。

也许我们不会忘记2001年7月13日，当人们得知北京赢得2008年奥运会承办权时所表现出来的那种无以言表、那种扬眉吐气、那种实现百年梦想的激动心情，至今萦绕在心。也许我们过于激动，忽视了我们是发展中国家这一基本国情，曲解了"最好一届的奥运会"的真正内涵，把主要精力放在"全球招标"和"方案抓眼球"等形式主义上，忽视建筑的木质所在，并给整个社会带来了"浮华"之风，扭曲了社会的审美观念，真可谓"乱花渐欲迷人眼"。

我们正处在一个不均衡的快速发展时期，在普遍存在的"政绩工程"和"形象工程"的现象驱使下，为"新、奇、特"建筑制造了滋生的土壤。所以，当我们看到前几年那些为了个别"重要"建筑的形象要求，而一掷万金、不惜血本的现象，似乎也就不足为奇了。

2005年3月29日，原建设部部长汪光焘同志针对当时中国建筑业的发展和存在的问题，进行了深刻的分析，他指出"一些地方不注意建筑功能，不考虑经济实用性，盲目追求建筑形象……回顾过去走过的路，这些现象使建筑界、工程界、社会各界都在关注中国的建筑方针。我觉得现在已经有紧迫感了，必须对这一问题广泛讨论，尽早达成共识。"并提出我国目前还应坚持"经济、实用、美观"的建筑方针。

"经济、实用、美观"的建筑方针，符合国家提出的建设"节约型社会"的总体要求，符合现阶段我国的发展状况。尽管我国经济发展较快，但与发达国家相比还有很大的差距，所以，这一方针将在相当长的时间里指导我们的建筑设计。不可否认，在未来的发展过程中，可能还会出现前几年曾出现过的理性的"偏离"，但可以肯定，只要我们还没有解决均衡发展，理性终究会回归到"经济、实用、美观"的道路上来，这是主流，是方向。

国家体育馆作为北京奥林匹克公园中心区四大场馆中唯一具有自主知识产权的奥运场馆，秉承着全局第一、和谐共生、含蓄内敛和经济绿色的设计理念，坚持"经济、实用、美观"的建设方针，赢得了社会的普遍赞同，先后获得了2008年第八届中国土木工程詹天佑奖，2008年全国优秀工程勘察设计奖金奖，1949～2009年中国建筑学会建筑创作大奖，并入选了"北京当代十大建筑"。上述荣誉的取得离不开方方面面的支持与帮助，值本书出版之际，首先感谢北京市建筑设计研究院书记、院长、总建筑师朱小地先生在设计过程中精心的指导，感谢国奥投资发展有限公司总经理张敬东先生及其团队在项目设计与建设过程中给予的支持与帮助，感谢北京城建集团国家体育馆项目总承包部和北京建工京精大房工程建设监理公司在工程建设过程中辛勤的工作，感谢每一位为编著此书作出贡献的各界朋友。

图书在版编目(CIP)数据

曲扇临风——国家体育馆/中国建筑学会，中国建筑工业出版社总主编；
北京市建筑设计研究院　本卷主编．—北京：中国建筑工业出版社，2009
(2008北京奥运建筑丛书)
ISBN 978-7-112-09881-1

Ⅰ．曲…　Ⅱ．①中…②中…③北…　Ⅲ．夏季奥运会－体育馆－建筑工程－北京市　Ⅳ．TU245.4

中国版本图书馆CIP数据核字(2009)第129090号

责任编辑：戚琳琳 董苏华 许顺法
责任设计：郑秋菊
责任校对：兰曼利　王雪竹

2008北京奥运建筑丛书
曲扇临风—国家体育馆
总 主 编　中国建筑学会
　　　　　中国建筑工业出版社
本卷主编　北京市建筑设计研究院
*
中国建筑工业出版社出版、发行（北京西郊百万庄）
各地新华书店、建筑书店经销
北京圣彩虹制版印刷技术有限公司制版
恒美印务(广州)有限公司印刷
*
开本：965×1270毫米　1/16　印张：10　字数：400千字
2009年12月第一版　　2009年12月第一次印刷
定价：118.00 元
ISBN 978-7-112-09881-1
(16585)